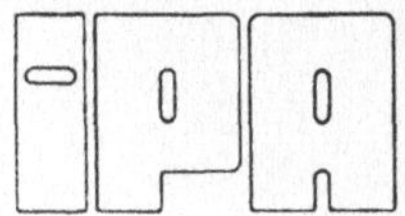

Forschung und Praxis · Band 74

Berichte aus dem Fraunhofer-Institut
für Produktionstechnik und Automatisierung,
Stuttgart, und dem Institut
für Industrielle Fertigung und Fabrikbetrieb
der Universität Stuttgart

Herausgeber: Prof. Dr.-Ing. H. J. Warnecke

Hans Steffens

Ein Beitrag zur Optimierung der Prozeßführungsstrategien automatisierter Förder- und Materialflußsysteme

Mit 60 Abbildungen

Springer-Verlag
Berlin Heidelberg New York Tokyo 1983

Dipl.-Ing. Hans Steffens

Fraunhofer-Institut für Produktionstechnik und Automatisierung (IPA), Stuttgart

Dr.-Ing. H. J. Warnecke

o. Professor an der Universität Stuttgart

Fraunhofer-Institut für Produktionstechnik und Automatisierung (IPA), Stuttgart

D 93

ISBN-13: 978-3-540-12968-4   e-ISBN-13: 978-3-642-47933-5
DOI: 10.1007/978-3-642-47933-5

Gesamtherstellung: Copydruck GmbH, Offsetdruckerei, Industriestraße 1-3, 7251 Heimsheim, Telefon 0 70 33/38 25-26
2362/3020−543210

<u>Geleitwort des Herausgebers</u>

Die Entwicklungen in der Produktionstechnik in den letzten Jahr-
zehnten haben entscheidend zur positiven wirtschaftlichen und
sozialen Entwicklung in der Bundesrepublik Deutschland beigetra-
gen. Die Produktivität konnte jedes Jahr um durchschnittlich
etwa 3,5 % gesteigert werden. Mechanisierung und Automatisierung
wurden und werden stetig weiter vorangetrieben. Während es sich
bisher jedoch um Verbesserungen an einzelnen Maschinen und Anlagen sowie Verfahren handelte, werden heute alle Unternehmens-
bereiche erfaßt, und man ist bemüht, das gesamte System Unternehmen bzw. Produktionsbetrieb zu optimieren. Das klassische
Bemühen um Optimierung des Einsatzes und Zusammenwirkens der Pro-
duktionsfaktoren Mensch, Maschine und Material muß heute erwei-
tert werden um die Berücksichtigung sozialer Belange, gesetz-
licher Auflagen, Probleme der Energieversorgung , schnellen Ver-
änderungen an den Produkten und auf den Märkten sowie Sicherung
der Qualität und der Lieferfähigkeit.

Von wissenschaftlicher Seite wird und muß dieses Bemühen unter-
stützt werden durch die Entwicklung von Methoden und Vorgehens-
weisen zur systematischen Analyse und Verbesserung des Systems
Produktionsbetrieb. Hier ist heute insbesondere auch der Fer-
tigungsingenieur gefordert, nicht nur einzelne Maschinen und
Verfahren zu beherrschen, sondern das gesamte komplexe System
hinsichtlich der Verknüpfung seiner Elemente durch zweckmäßigen
Informations- und Materialfluß. Beispielhaft seien dazu nur hinsichtlich des Informationsflusses die heute gegebenen Möglichkeiten der Datenerfassung und -verarbeitung in Fertigungsplanung
und -steuerung an den einzelnen Produktionsanlagen sowie im
Qualitätswesen genannt. Im Materialfluß geht es um richtige
Auswahl und Einsatz von Fördermitteln, Förderhilfsmitteln sowie
Anordnung und Ausstattung von Lägern. Der weiteren Automatisierung in der Handhabung von Werkstücken und Werkzeugen sowie der
Montage von Produkten wird in nächster Zukunft allergrößte Auf-
merksamkeit geschenkt werden. Leistungsfähige Sensoren werden
die Möglichkeiten dafür sehr stark vergrößern.

Die beiden vom Herausgeber geleiteten Institute, das Institut
für Industrielle Fertigung und Fabrikbetrieb der Universität
Stuttgart sowie das Fraunhofer-Institut für Produktionstechnik
und Automatisierung in Stuttgart, arbeiten in grundlegender und
angewandter Forschung intensiv an den aufgezeigten Entwicklungen in der Produktionstechnik mit. Zur Umsetzung gewonnener
Erkenntnisse wird die Schriftenreihe "IPA Forschung und Praxis"
herausgegeben. Der vorliegende Band setzt diese Reihe fort,
eine Übersicht über bisher erschienene Titel wird am Schluß
dieses Bandes gegeben.

Dem Verfasser sei für die geleistete Arbeit gedankt, dem Springer-Verlag für die Aufnahme dieser Schriftenreihe in seine An-
gebotspalette und der Druckerei für saubere und zügige Aus-
führung.Möge das Buch von der Fachwelt gut aufgenommen werden.

Hans-Jürgen Warnecke

Vorwort

Die vorliegende Arbeit entstand während meiner Tätigkeit als
wissenschaftlicher Mitarbeiter am Fraunhofer Institut für
Produktionstechnik und Automatisierung (IPA), Stuttgart.

Dem Direktor des Instituts für Industrielle Fertigung und
Fabrikbetriebslehre sowie des Fraunhofer Instituts für Produk-
tionstechnik und Automatisierung (IPA), Herrn Professor
Dr.-Ing. H.-J. Warnecke, gilt mein besonderer Dank für die
Anregung und die stete Förderung dieser Arbeit.

Herrn Professor Dr. techn. F. Beisteiner, dem Direktor des
Instituts für Fördertechnik, danke ich für das große Interesse
und die eingehende Durchsicht der Arbeit.

Schließlich möchte ich Herrn Dr.-Ing. W. Dangelmaier und
Herrn Dipl.-Ing. R. Bachers für die fachlichen Gespräche und
Ratschläge danken.

<u>Inhaltsverzeichnis</u>

Schrifttum

1   Pester, W.:   Elektronik beflügelt den Materialfluß. VDI Nachrichten (1982) Nr. 19,
S. 8-9.

2   Warnecke, H.-J.;
Dangelmaier, W.:   Materialflußkosten minimieren mit
integrierten Systemen kann gebundenes
Kapital senken.
Maschinenmarkt 88 (1982) 4, S. 38-40.

3   Armbruster, R.:   Schwachstellen bei der Inbetriebnahme aus der Sicht des Betreibers.
in: Automatisierte Materialflußsysteme (AMS).
Düsseldorf: VDI-Verlag 1981.

4   Franzius, H.:   Die methodische Zuordnung von Fördermittel und innerbetriebliche Trans-
portaufgabe.
Universität Hannover: Dr.-Ing.-Diss.
1972.

5   VDI-Richtlinie 3594: Kosten des innerbetrieblichen Trans-
ports.
(Februar 1972).

6   Henning, D.;
Gerchel, W.:   Heuristisches Programm zur Trans-
portmittelauswahl.
Fertigungstechnik und Betrieb 22
(1972) 11, S. 664-667.

7   Sollich, H. u.a.:   Auswahl von Fördermitteln für ge-
gebene fördertechnische Problem-
stellungen.
Hebezeuge und Fördermittel 13 (1973)
9, S. 266-270.

8   Strey, H.:   Algorithmus zur Auswahl von Fördermitteln für Fließmontage.
Hebezeuge und Fördermittel 15 (1975)
1, S. 20.

9   Rößner, W.:   Materialflußgestaltung in Ferti-
gungssystemen.
Universität Stuttgart: Dr.-Ing.-Diss.
1981.

10 Baur, K.:   Betriebsmittelzuordnung bei der
Fabrikplanung. Buchreihe "Produktions-
technik heute", Bd. 2
Mainz: Krausskopf-Verlag 1972.

11   Sauter, T.:   Ein Verfahren zur rechnerge-
                           stützten Realplanung von Fabrik-
                           anlagen.
                           Universität Stuttgart: Dr.-Ing.-Diss.
                           1974.

12   Minten, B.:   Beitrag zur rechnerunterstützten
                           Fabrikplanung.
                           Universität Stuttgart: Dr.-Ing.-Diss.
                           1974.

13   Ernst, W.:   Verfahren zur Fabrikplanung im
                           Mensch-Rechner-Dialog am Bildschirm.
                           Universität Stuttgart: Dr.-Ing.-Diss.
                           1978.

14   Martin, H.:   Eine Methode zur integrierten Be-
                           triebsmittelanordnung und Transport-
                           planung.
                           Technische Universität Berlin:
                           Dr.-Ing.-Diss. 1976.

15   Eidt, A.:   Methodik zur Planung von Fabrik-
                           layouts unter besonderer Berück-
                           sichtigung des Lärms.
                           Technische Universität Hannover:
                           Dr.-Ing.-Diss. 1978.

16   Warnecke, H.-J.;   Layoutplanung - Stand der Technik.
     Dangelmaier, W.:   OR Spektrum 3 (1981) 1, S. 1-20.

17   Miebach, J.:   Bedeutung der Materialflußplanung
                           für die Materialflußtechnik.
                           in: transmatic 81, Schriftenreihe
                           des Instituts für Fördertechnik
                           der Universität Karlsruhe
                           1981, H. 2, S. 31-35.

18   Stetten, R.v.:   Auslegung von Störungspuffern in
                           kapitalintensiven Fertigungslinien.
                           Universität Stuttgart: Dr.-Ing.-Diss.
                           1977.

19   Krampe, H.;   Bedienungsmodelle.
     Kubat, J.;   München, Wien: R. Oldenbourg 1973.
     Runge, W.:

20   Krampe, H.:   Anwendung der Bedientheorie im
                           innerbetrieblichen Transport.
                           Hebezeuge und Fördermittel 9 (1969)
                           3, S. 77-79.

21   Stemmer, G.:   MSFP - ein Simulationsverfahren zur
                           Darstellung und Untersuchung des dy-
                           namischen Verhaltens komplexer
                           Materialflußsysteme.
                           Universität Stuttgart: Dr.-Ing.-Diss.
                           1976.

22 Lucke, H.J.:   Zur technologischen Funktionser-
                        probung von Brückenkran-Systemen.
                        Hochschule für Verkehrswesen,
                        Dresden: Dr.-Ing.-Diss. 1977.

23 Bachers, R.;   Untersuchung des Kostenverhaltens
    Steffens, H.:   von Materialflußsystemen der 2.
                        und 3. Ordnung mit Simulation.
                        DFG-Abschlußbericht 198o.

24 Wenzel, R.:   Untersuchung der Materialkosten bei
                        ausgewählten Systemen der zentralen
                        Arbeitsverteilung.
                        Universität Stuttgart: Dr.-Ing.-
                        Diss. 1978.

25 Dangelmaier, W.;   Richtungsweisendes Simulations-
    Bachers, R.;   system für Materialfluß- und
    Steffens H.:   Lagerprozesse.
                        fördern und heben 32 (1982) 3,
                        S. 191-196.

26 Fischer, W.:   Planung von Transportsystemen für
                        Stückgüter.
                        Universität Stuttgart: Dr.-Ing.-
                        Diss. 1981.

27 Schulze, L.:   Strukturen förder- und lagertechni-
                        scher Automatisierungssysteme.
                        fördern und heben 31 (1981) 12,
                        S. 964-966.

28 Schöne A.:   Prozeßrechensysteme.
                        München, Wien: Hanser Verlag 1981.

29 Bujard, A.:   Entwicklung alternativer Lösungen
                        für AMS.
                        in: Automatisierte Materialfluß-
                        systeme (AMS).
                        Düsseldorf: VDI-Verlag 1981.

3o Müller, L.:   Wie werden Hochregallager wirt-
                        schaftlich?
                        fördern und heben 31 (1981) 12,
                        S. 957-958.

31 Kuhn, A.:   Beitrag zur Analyse von prozeß-
                        rechnergeführten Stückgut-Förder-
                        systemen.
                        Universität Dortmund: Dr.-Ing.-
                        Diss. 1979.

32 Graf, F.:   Pearl für Microcomputer.
                                  in: Fachtagung Prozeßrechner 1981,
                                  S. 413-421.
                                  Berlin, Heidelberg, New York:
                                  Springer-Verlag 1981.

33 Schüring, A.:   Die Echtzeit-Prozeßsimulation.
                                  Technische Hochschule Aachen:
                                  Dr.-Ing.-Diss. 1975.

34 Großschallau, W.:   Heuristische Dispositionsmodelle
                                  für innerwerkliche Transportsysteme.
                                  Universität Dortmund: Dr.-Ing.-Diss. 1979.

35 Schmidt, B.:   The Simulation of Discret-time Systems -
                                  A Critical Assessment of Languages and
                                  Packages.
                                  Angewandte Informatik 5 (1981),
                                  S. 2oo-2o3.

36 Ellinger, T. u.a.:   Generatorsystem zur Simulation von
                                  Reihenfolgeproblemen (SIRE).
                                  Universität Köln: BMFT-Forschungsbericht
                                  DV 79-o3, 1979.

37 Krampe, H.   Automatisierung eines geführten
    Marquardt, H.G.:   Transportsystems mit Mikrorechner.
                                  Hebezeuge und Fördermittel 16 (1981) 6,
                                  S. 176-178.

38 Beisteiner, F.:   Einheitliche Begriffe in Fördertechnik
                                  und Transportwesen.
                                  fördern und heben 27 (1977) 5,
                                  S. 5o7-5o9.

39 VDI-Richtlinie   Begriffe und Erläuterungen im Förder-
    2411:   wesen. (Juni 197o).

4o Rau, W.:   Systematische Auswahl von Förderhilfs-
                                  mitteln für den innerbetrieblichen
                                  Materialfluß.
                                  Universität Stuttgart: Dr.-Ing.-Diss. 1977.

41 Steffens, H.;   Dimensionierung eines Hochregallagers
    Reck, K.:   mit Hilfe der Simulation.
                                  HGF-Bericht 79/57.
                                  Essen: Girardet 1979.

42 Gudehus, T.:   Mechanisierung und Automatisierung des
                                  innerbetrieblichen Transports.
                                  in: transmatic 76, Teil I, Automatisierte
                                  Stückguttransporte.
                                  Mainz: Krausskopf-Verlag 1976.

43 Gudehus, T.:   Engpässe in Fördersystemen.
                              fördern und heben 25 (1975 3/4,
                              S. 2o6-21o.

44 DIN 662o1:   Prozeßrechensysteme - Begriffe.
                              (August 1971).

45 Schwarze, G.:   Grundbegriffe der Automatisierungs-
                              technik.
                              Berlin: VEB-Verlag Technik 1973.

46 TGL 14591:   Automatische Steuerung.
                              (Januar 1978).

47 Thomas, F.:   Zielsteuerungen für flexible
                              Materialflußsysteme.
                              in: transmatic 81, Schriftenreihe
                              des Instituts für Fördertechnik der
                              Universität Karlsruhe, 1981, H.2,
                              S. 61-67.

48 Hesser, P.:   Zielsteuerungen.
                              fördern und heben 23 (1973)16,
                              S. 895-899.

49 Großeschallau, W.:   Die Graphentheorie in der Logistik - 1.
                              Logistik 1 (198o) 1, S. 38-42.

                              Die Graphentheorie in der Logistik - 2.

                              Logistik 1 (1980) 2, S. 76-80.

5o Friedrich, L.:   Grenzen der Bedienungs- und Stärken
                              der Erneuerungstheorie.
                              Hebezeuge und Fördermittel 22 (1982) 2,
                              S. 56-6o.

51 Dangelmaier, W.;   Simulation des Kostenverhaltens in
    Bachers, R.;   Materialflußsystemen.
    Steffens, H.:   Logistik 2 (1981) 1, S. 19-23.

52 Hutsell, W.R.;   Simulation - 3 Standards for
    Pendleton, D.E.:   Patrolling Operators.
                              Industrial Engineering 6 (1974) 3,
                              S. 25 - 26.

53 Martin, H.:   Materialfluß- und Lagerplanung.
                              Berlin, Heidelberg, New York:
                              Springer-Verlag 1979.

54 Jordelt, A.:   Istaufnahme.
                              in: Grochta, E. (Hrsg.): Handwörterbuch
                              der Organisation.
                              Stuttgart: Poeschel 1973, Sp. 79o - 794.

55 VDI-Richtlinie   Materialflußuntersuchung.
    33oo: (August 1973).

56   Budde, R.:   Materialmanagement.
                                 Berlin: Schmidt Verlag 1973

57   Hürlimann, W.:   Transportanalyse.
                                 Industrielle Organisation 41 (1972) 1,
                                 S. 3 - 14.

58   VDI-Richtlinie 2689:   Leitfaden für Materialflußuntersuchung.
                                 (Januar 1974).

59   Müller-Merbach, H.:   Operations Research.
                                 München: Vahlen Verlag 1971.

60   Ulrich, H.:   Das Unternehmen als produktives
                                 soziales System.
                                 Bern, Stuttgart: P. Haupt Verlag 1970.

61   Kirsch, W.:   Entscheidungsprozesse.
                                 Wiesbaden: Gabler Verlag 1970.

62   Hürlimann, W.:   Vom Entscheidungsprozeß zum Grund-
                                 sätzlichen über Entscheidungsmodelle
                                 und Entscheidungshilfen.
                                 Industrielle Organisation 39 (1970)
                                 S. 287.

63   Zangemeister, C.:   Einführung in die Nutzwertanalyse.
                                 München: Wittemannsche Verlagsbuchh. 1973.

64   Sixtl, F.:   Meßmethoden der Psychologie.
                                 Weinheim: Beltz Verlag 1967.

65   Kaufmann, A.:   Entscheidungstechnik im Management.
                                 München: Kindler Verlag 1968 .

66   Rummert, Th.:   Programmsystem zur Simulation auto-
                                 matisierter innerbetrieblicher
                                 Transportanalagen.
                                 in: Wimatika 79 - wissenschaft und
                                 automatisierung. Karlsruhe 1979.

67   Grundig, C.G.:   Simulationsuntersuchung zur Analyse
                                 von Einflüssen der Warteschlangen-
                                 bildung in Lagersystemen.
                                 Hebezeuge und Fördermittel 17 (1977) 9,
                                 S. 274 - 277.

68   Fried, J.;   Praxisnahe Simulation von Transport-
      Natus, G.:   systemen.
                                 fördern und heben 30 (1980) 2,
                                 S. 107 - 109.

69 Harbordt, St.:   Computersimulation in die Sozial-
                             wissenschaften. Teil I: Einführung
                             und Anleitung.
                             Reinbeck bei Hamburg: Rowohlt
                             Verlag 1974.

7o Busse von Colbe, W.;   Betriebswirtschaftstheorie. Bd. 2:
    Laßmann, G.:   Absatz und Investitionstheorie.
                             Berlin, Heidelberg, New York:
                             Springer Verlag 1977.

71 Stuchlik, F.;   Zur Entwicklung des Begriffes
    Lorenz, P.:   "Simulation".
                             Rechentechnik, Datenverarbeitung 15
                             (1978) Beiheft 3.

72 Schwarze, G.:   Bereitgestellte Software zur
                             digitalen Simulation kontinuier-
                             licher Systeme.
                             messen, steuern, regeln 21 (1978)
                             3, S. 143 - 145.

73 Rohlfing, H.:   SIMULA - eine Einführung
                             Mannheim: B I Wissenschaftsverlag 1973.

74 Pritsker, A.B.:   The GASP IV Simulation Language.
                             New York: Wiley and Sons 1974.

75 Kampe, G.:   Simscript.
                             Braunschweig: Vieweg Verlag 1971

76 Bibillier, P.A.;   Simulation with GPSS and GPSS V.
    Kahan, B.C.;   Prentice Hall, Englewood Cliffs 1976.
    Probst, A.R.:

77 Roggenbuch, R.A.;   Automated Model Building.
    Hopwood, N.W.:   The tenth Annual Simulation
                             Symposium Record of Proceedings
                             (March 1977), S. 179 - 196.

78 Gernoth, B.:   Warteschlangensysteme.
                             München: Oldenbourg Verlag 198o.

79 Koerber, K.;   Das Modell SIM-LAB.
    Werzinger, G.:   Arbeitsberichte des Instituts für
                             Mathematische Maschinen und Daten-
                             verarbeitung der Universität
                             Erlangen-Nürnberg, Bd. 1o (1977), 2.

80 Bachers, R.;   Anwendung der Materialflußsimulation
    Steffens, H.:   - dargestellt am Beispiel einer
                           realen Werkstattfertigung.
                           HGF-Bericht 80/67.
                           Essen: Girardet 1980.

Abkürzungs- und Formelverzeichnis

Zeichen	Einheit	Bedeutung
A	-	aktiver Bausteinbereich
A_i	-	Zielpunkt des Förderstromes λ_i^A
ABS	-	absolut
AFS	-	automatisiertes Fördersystem
ANZ.	Stck.	Anzahl
AUSG.	-	Ausgang
BE	-	Bewegliche Einheiten
DL	-	Decklackierung
DLZ	ZE	Durchlaufzeit
DURCHS.	-	durchschnittlich
E_i	-	Startpunkt des Förderstromes λ_i^E
EDV	-	Elektronische Datenverarbeitung
EP	-	Strategieeingriffspunkt
ES	-	Einzelsteuerung
FIFO(=fifo)	-	first in first out
FS_i	-	Förderstrecke i
FT	-	Fördereinheitenträger
g_i	-	Gewichtung des Zielkriteriums i
Geb.	-	Gebäude
Gew.	-	Gewichtung
GS	-	Gruppensteuerung
$h_{Typ\ i}$	%	Häufigkeit des Typs i
HRL	-	Hochregallager
I-Punkt	-	Einlagerpunkt
kum.	-	kumuliert
k_i	-	Kombinationsmöglichkeit der Klasse i
K	-	Konfliktzone
Ka	Stck.	theoretische Anzahl Führungsstrategien
KP_i	-	Knotenpunkt i
K-Punkt	-	Auslagerpunkt
LFD	-	Laufdurchführungsdatensatz

Zeichen	Einheit	Bedeutung
LV	-	Lackvorbehandlung
LVR	-	Lagerverwaltungsrechner
m	Stck.	Anzahl Zyklen
MAX.INHALT	Stck.	maximaler Inhalt
MAX.WARTEZ.	ZE	maximale Wartezeit
MITTL.WARTEZ.	ZE	mittlere Wartezeit
MOM.INH.	Stck.	momentaner Inhalt
n_i	Stck.	Anzahl Strategien
N	-	normaler Typ
NB	-	Nachbehandlung
OG	-	obere Grenzlinie
p(=PULV)	-	pulverlackiert
P	-	passiver Bausteinbereich
PAZ	-	Pufferanschlußzahl
PE	-	Ereignispriorität
P+F(-Förderer)	-	Power and Free-Förderer
R	-	Regel einer Entscheidungstabelle
REL	-	relativ
s(=SPR.)	-	spritzlackiert
SF	-	Senkrechtförderer
SIMULAP	-	Simulator für Materialfluß- und Lager-Prozesse
SL	-	Schaltlinie
SST	-	Systemsteuerung
t_a	ZE	Arbeitszeit einer Weiche
t_A	ZE	Auftragsaufenthaltszeit
t_{Fahr}	ZE	Auftragsfahrzeit
t_i	ZE	Bedienzeit einer Weiche für Förderstrecke i
t_{iz}	ZE	Bedienzeit der Weiche z für Förderstrecke i
t_s	ZE	Schaltzeit
t_{stau}	ZE	Auftragsstauzeit
t_w	ZE	Auftragswartezeit

Zeichen	Einheit	Bedeutung
T	ZE	Zeit
TKF	-	Tragkettenförderer
TSS	-	Teilsystemsteuerung
UG	-	untere Grenzlinie
V	-	verlängerter Typ
VFA	-	verbindende Förderanlagen
V_i	-	Adresse der Verteilalgorithmen i
V_{in}	-	Förderstreckeninhaltsverhältniszahl
VP(=Vert.punkt)	-	Verteilpunkt
w_i	-	Prozeßführungsgröße i
W.SCHL.	-	Warteschlange
x_i	-	Prozeßausgangsgröße i
ZE	-	Zeiteinheit
z_i	-	Prozeßeingangsgröße i
Z_i	-	Adresse der Zusammenführalgorithmen i
Zus.-f.punkt	-	Zusammenführpunkt
Z_x	-	Zufallszahl
η	-	Lackierwirkungsgrad
α	-	Förderstreckeninhaltskennzahl
λ_i	Stck/ZE	Förderstrom für Förderstrecke i
λ_i^A	Stck/ZE	Förderstrom i zu Punkt A
λ_i^E	Stck/ZE	Förderstrom i von Punkt E
λ_g	Stck/ZE	Gesamtförderstrom
λ_{iz}	Stck/ZE	Förderstrom von Weiche z nach Förderstrecke i
λ_p	Stck/ZE	Förderstrom für die Prioritätsförderstrecke
ξ_i	Stck/ZE	Förderstrom aus Förderstrecke i
ξ_g	Stck/ZE	Gesamtförderstrom

1   <u>Einleitung</u>

Nach der Revolution durch die Elektronik in der Produktion,
die vor ca. 25 Jahren ihren Anfang nahm, ist der Einsatz
"intelligenter fördertechnischer Komponenten" /1/ die Revolution auf dem Gebiet der Materialflußtechnik. Dieser Trend
wird auch durch die Prognosezahlen über Steuer- und Regelge-
räte für Fördermittel sichtbar. So werden z.B. für die Jahre
1978 bis 1988 Zuwachsraten von ca. 380 % (!) vorausgesagt
/2/.

Diese intelligenten Komponenten werden es ermöglichen, die
unter dem Schlagwort "Logistik" geforderten umfassenden Systeme zu realisieren. Zunehmende Komplexität und Automatisierung werfen jedoch immer häufiger das Problem auf, daß
die geforderten und vorausberechneten Leistungen nicht oder
erst nach geplantem Einsatztermin erreicht werden.

So wird z.B. in der einschlägigen Fachliteratur ein induktiv geführtes fahrerloses Transportsystem beschrieben. Obwohl diese Anlage "vollkommen betriebsbereit geliefert
 wurde", ergab sich nach neun Monaten erst eine Durchsatz-
leistung von 77,4 %. "Die gewünschte Leistung der Gesamt-
anlage wurde erst drei Monate später erreicht", nachdem
vor allem Änderungen am "Fahrverkehrsprogramm" durchgeführt wurden /3/.

Obiges Beispiel macht deutlich, daß allein eine richtige
System-Strukturierung und -Dimensionierung noch keine Ge-
währ für eine optimale Systemleistung bietet. Erst durch
den Einsatz einer integrierten System-Steuerung läßt sich
ein solches Ziel erreichen.

In dieser Arbeit soll daher eine Vorgehensweise beschrieben werden, die eine optimale Auslegung der System-Steuerung ermöglicht.

2 Probleme bei der Erstellung eines automatisierten Fördersystems

Mit zunehmendem Automatisierungsgrad eines Prozesses[1], gewinnt die Koordination[2] dieses Prozesses an Bedeutung. Die
Bestimmung der Koordination muß dabei unter Berücksichtigung
der Struktur und der Dimension des Prozesses erfolgen.
(Bild 1).

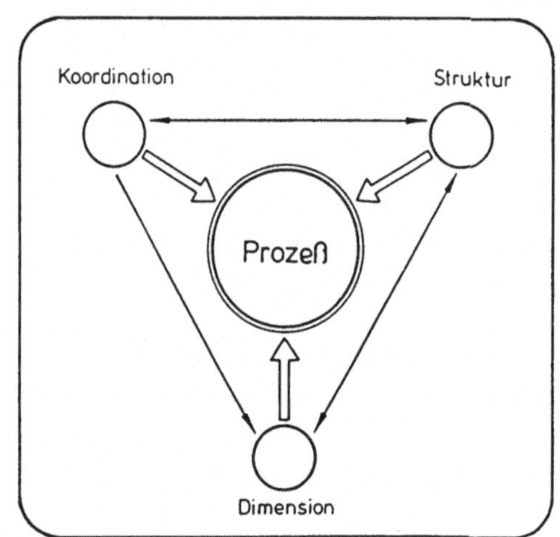

Bild 1: Einflußgrößen eines optimalen Prozesses

Die Abhängigkeit dieser drei Einflußgrößen voneinander soll
am Beispiel eines fahrerlosen Transportsystems deutlich gemacht werden. So ist durch ein optimales Layout der Fahrwege allein die Prozeßleistung nicht festgelegt. Die Grenz-
leistungen variieren je nach Dimensionierung des Fördersystems. In Bild 2 erfolgt eine solche Dimensionierung
mittels Variation der eingesetzten induktiv geführten Fahrzeuge in Abhängigkeit vom Durchsatz. Die Tatsache, daß die

---

[1] Unter Prozeß sind die in einem System ablaufenden
Vorgänge zu verstehen.

[2] Unter Koordination ist das ablaufmäßige zielgerichtete
Aufeinanderabstimmen aller relevanten Elemente eines
Systems zu verstehen.

Gesamteinsatzzeit eines Fahrzeuges neben der reinen Lastfahr-
zeit Leerfahrzeiten und Wartezeiten beinhaltet, läßt erwarten, daß durch eine Minimierung dieser Zusatzzeiten eine
weitere Durchsatzsteigerung zu erreichen ist.

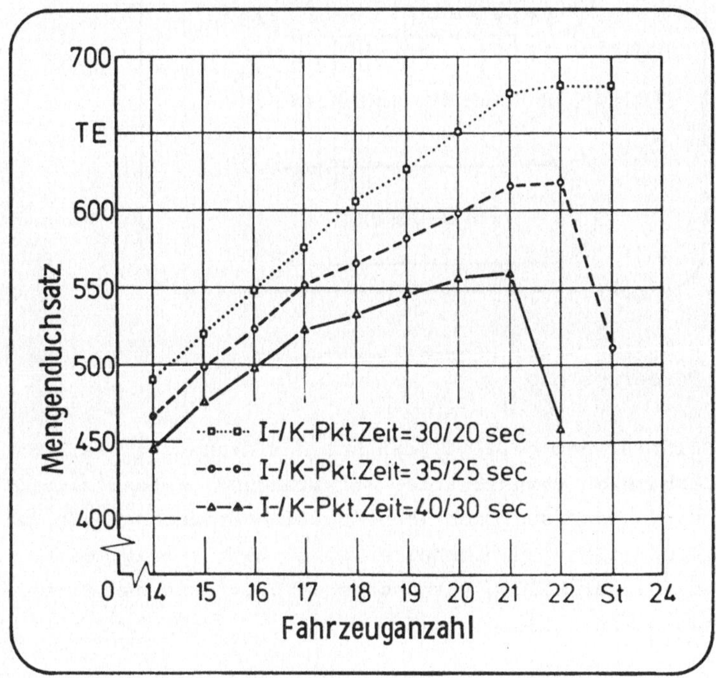

Bild 2: Maximaler Mengendurchsatz bei unterschiedlicher
Fahrzeuganzahl eines fahrerlosen Transportsystems

Eine solche Koordination ließe sich durch eine Verbesserung
der Leerfahrzeugsteuerung und/oder der Weichenstrategien
erreichen.

Schlüsselt man ein automatisiertes Fördersystem (AFS) auf,
so ergibt sich der Förderbereich (= operatives Teilsystem)
und der Automatisierungsbereich (= steuerndes Teilsystem)[1].
Das Zusammenspiel dieser zwei notwendigen Bereiche eines
AFS macht Bild 3 deutlich.

---

1) Diese Gliederung entspricht der eines Regelkreises, welcher
   sich aus der Regelstrecke (=Förderbereich) und dem Regler
   (=Automatisierungsbereich) zusammensetzt.

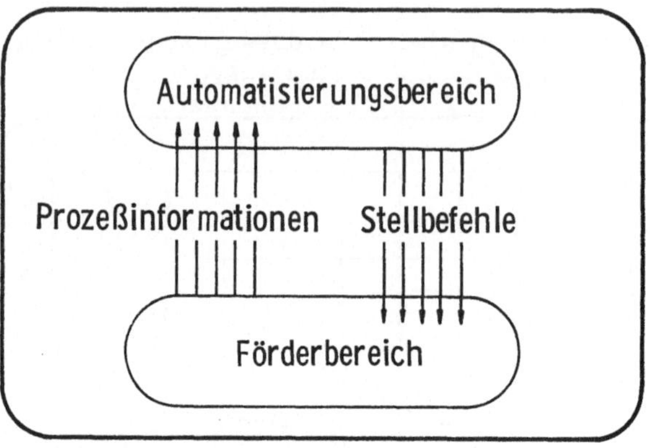

Bild 3: Struktur eines automatisierten
        Fördersystems

Obiges Beispiel hat gezeigt, daß bei der Planung eines AFS
der Förderbereich (hinsichtlich Struktur und Dimension) und
der Automatisierungsbereich (hinsichtlich Steuerungsanforde-
rungen) koordiniert zu bearbeiten sind. Bild 4 zeigt die
Einbettung dieser beiden Planungsschwerpunkte in den Erstel-
lungsvorgang eines AFS.

Die Ergebnisse der Planungsphase werden im allgemeinen im
Pflichtenheft dokumentiert. Dieses Pflichtenheft dient als
Grundlage zur Ausschreibung. Nach den Schritten Angebots-
vergleich und Auftragsvergabe kann die Realisierung des AFS
erfolgen. Hieran schließt sich die Inbetriebnahmephase an.
Hier hat sich die Methode der "Down-Top-Tests" bewährt:
Ausgehend von der Überprüfung von Teilsystemen werden dabei sukzessiv die übergeordneten Systeme integriert betrachtet.

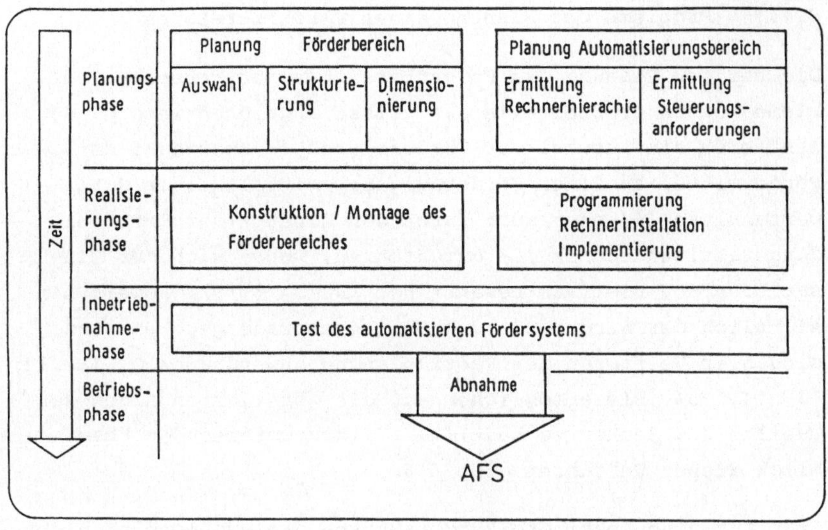

Bild 4: Vorgehensweise zur Erstellung eines automatisierten Fördersystems (AFS)

2.1 Probleme der Planung

2.1.1 Probleme der Planung eines Förderbereiches

Die bei der Planung des Förderbereiches auftretenden Probleme können größtenteils als gelöst angesehen werden. So läßt sich die Auswahl der Fördermittel (= Zuordnung der Fördermittel zu einer Förderaufgabe) mittels einer Nutzwertanalyse /4/ oder auch durch den Einsatz der Entscheidungstabellentechnik /5/ durchführen, wobei sich der Einsatz der EDV vielfach bewährt hat /6, 7, 8, 9/. Soweit hinsichtlich der Strukturierung Freiheitsgrade gegeben sind, sind hier Verfahren der Fabrikplanung anwendbar /10, 11, 12, 13, 14, 15/. Sie ermöglichen es, die günstigsten Lagen der Quellen und Senken zu bestimmen. Einen umfassenden Überblick dieser Verfahren gibt /16/.

Sind für eine bestimmte Förderaufgabe die Probleme hinsichtlich Auswahl und Strukturierung gelöst, so läßt sich eine System-Optimierung noch über die Dimensionierung erreichen. Je nachdem, welches Fördersystem betrachtet wird, lassen sich unterschiedliche Komponenten dimensionieren: bei einem Elektro-Hängebahnsystem ist z.B. die optimale Anzahl an angetriebenen Gehängen zu bestimmen. Bei Tragkettenförderern ist beispielsweise die Vorgabe der Fördergeschwindigkeiten als Dimensionierungsproblem anzusehen, ebenso wie die Auslegung von Pufferstrecken zwischen zeitkritischen Komponenten.

Der Hauptteil dieser Probleme konnte bisher mit einfachen arithmetischen Rechenverfahren gelöst werden. In /17/ wird dieser Anteil mit 95 % angegeben. Da die Systeme immer komplexer werden, wird es jedoch notwendig sein, daß in Zukunft andere Planungstechniken verstärkt eingesetzt werden. Zu diesen Techniken zählen vor allem die Wahrscheinlichkeitsrechnung und die Simulation.

So wird die Wahrscheinlichkeitsrechnung benutzt, um Pufferstrecken in verketteten Fertigungslinien in Abhängigkeit vom Störverhalten zu dimensionieren. Eine weitere Ausprägung der Wahrscheinlichkeitsrechnung, die Bedienungstheorie /19/, geht von vorgegebenen statistischen Verteilungen beim Ankunftsabstand und bei der Abarbeitung der Aufträge aus. Eine Anwendung der Bedienungstheorie ist in /20/ beschrieben. Dort wird die erforderliche Anzahl an "Bedienungskanälen" /19/ (z.B. Fahrzeuge) ermittelt.

Reicht die Bedienungstheorie nicht aus, um die Dimensionierungsprobleme zu bearbeiten, so bietet sich die Simulationstechnik an /21, 22/. Diese Technik versucht mit Hilfe eines Modells, und zwar sinnvollerweise unter Einsatz der EDV, durch Variation der Modellparameter Aussagen zum optimalen Materialflußsystem zu machen. So werden z.B. in /23/ Materialflußsysteme unter besonderer Berücksichtigung der Materialflußkosten dimensioniert. Vielfach beschränken sich die Simulationsuntersuchungen auf ausgewählte Materialflußsysteme. So werden z.B. in /24/ Dimensionierungsprobleme bei der "zentralen Arbeitsverteilung" gelöst. In /25/ wird der Vorhof-Bereich eines automatischen Hochregallagers detailliert nachgebildet, um somit die Anzahl einzusetzender induktiv geführter Fahrzeuge zu bestimmen. Auch als Folgeschritt einer anderen Planungstechnik läßt sich die Simulation einsetzen. Z.B. wird in /18/ nach einer Grobdimensionierung der Pufferstrecken eine Feindimensionierung mittels des Simulationssystems "SIKAL" durchgeführt.

Die Abfolge, oder besser gesagt das Zusammenwirken obiger Schritte - auch nach wirtschaftlichen Gesichtspunkten -, wird in /26/ diskutiert. Diese Arbeit kann als Anleitung zur methodischen Durchführung und Lösung der notwendigen Planungsschritte für die Auswahl und Dimensionierung von Stückgut-Transportsystemen angesehen werden.

2.1.2   <u>Probleme bei der Planung eines Automatisierungs-</u>
         <u>bereiches</u>

Die Hauptprobleme, die bei der Planung des Automatisierungsbereiches zu sehen sind, bestehen in der Festlegung der Rechnerhierarchie sowie in der Vorgabe der Steuerungsanforderun-
gen (vgl. Bild 4).

Beim Aufbau der Rechnerhierarchie sind die prinzipiellen Möglichkeiten der

        - Paralleltechnik und der
        - Zentraltechnik

einzusetzen. Die Vor- und Nachteile dieser Prinzipien werden
in /27/ näher behandelt.

Zum Aufbau der Rechnerhierarchie ist auch die Zuordnung der
Steuerfunktionen zu den einzelnen Hierarchiestufen zu zählen.
Ferner ist eine etwaige Anbindung an die Betriebs-EDV vorzu-
sehen. Das Hierarchiebeispiel in Bild 5 stellt diese Verbin-
dung über einen Lagerverwaltungsrechner her. Dieser Lagerver-
waltungsrechner bildet zusammen mit der Systemsteuerung die
<u>übergeordnete Führungsebene</u>. Die Teilsystemsteuerungen,
Gruppensteuerungen und Einzelsteuerungen stellen in diesem
Beispiel untergeordnete Steuereinrichtungen dar.

Bei der Planung der Führungsebene, des <u>Prozeßführungssystems</u>,
ist eine <u>Prozeßoptimierung</u> anzustreben, indem das Führungs-
system optimale Betriebszustände einstellt. Dabei ist
bei der Prozeßoptimierung zwischen den <u>informationstechnischen</u>
und den <u>optimierungstheoretischen Verfahren</u> zu unterscheiden
/28/.

Bei den informationstechnischen Verfahren werden den Führungsgrößen prozeßabhängig jeweils abgespeicherte Werte zugewiesen,
die aufgrund eines Erfahrungsmodells gewonnen wurden. Bei den
optimierungstheoretischen Verfahren dagegen werden die opti-

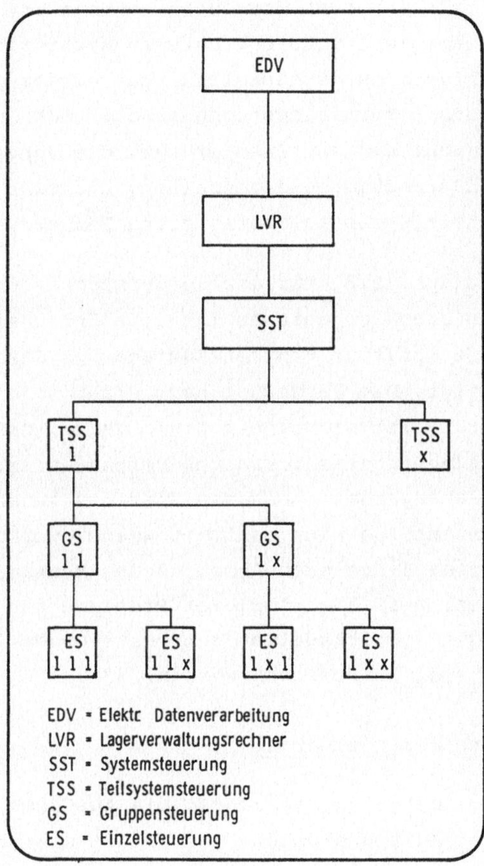

Bild 5: Beispielhafte Steuerungs-Hierarchie eines
automatischen Hochregallagers (nach /29/)

malen Führungsgrößen jeweils neu ermittelt, und zwar anhand
einer optimierbaren Zielfunktion. Eine solche Zielfunktion
g läßt sich allgemein wie folgt darstellen:

$$g = f (z_1 \ldots z_n; w_1 \ldots w_k; x_1 \ldots x_m).$$

Dabei stellen z_i die Prozeßeingangsgrößen, w_i die Führungsgrößen und x_i die Prozeßausgangsgrößen dar.

Aufgrund der Vielfältigkeit der Zusammenhänge ist es bei
komplexen automatisierten Fördersystemen nicht sinnvoll, eine
umfassende Zielfunktion darzustellen. Aus diesem Grund
wird hier nur das informationstechnische Verfahren eingesetzt. Dabei taucht nun das Problem auf, die Vorgabe für
die Führungsgrößen optimal zu gestalten, und zwar hinsichtlich der Gesamtziele des automatisierten Fördersystems.

Es reicht nicht aus, z.B. nur den Fördervorgang über eine
Weiche zu optimieren, sondern es ist eine Entscheidung zu
treffen, die die Struktur und den Zustand des Gesamtprozes-
ses berücksichtigt. Die Forderung nach einer solchen umfassenden Betrachtung ist sicher ein Grund dafür, daß bis
heute noch kein geeignetes Verfahren vorhanden ist, welches
schon in der Planungsphase Aussagen über das günstigste Ab-
laufverfahren macht. So kann es immer wieder vorkommen,
daß AFS "erst zwei Jahre nach Abschluß der Montagearbeiten
in Betrieb gehen, weil die komplexen Probleme der Lager-
steuerung und die Schnittstellen zum bestehenden Informa-
tionssystem zu spät bearbeitet" werden /30/.

2.2 Probleme der Ausführung

Die der Planung nachgelagerte Phase, die Ausführungsphase,
beginnt nach der Auftragsvergabe und umfaßt die Arbeitsschritte Ausführungsplanung, Installation und Inbetriebnahme. Für den Förderbereich bedeuten diese Schritte Konstruktion etwaiger Sonderanlagen sowie Abstimmung aller
Anlagenteile, so daß ihre Montage problemlos durchzuführen
ist.

Beim Automatisierungsbereich beginnt die Ausführungsplanung
mit der Zuordnung der "Rechner"[1] zu den Hierarchiestufen.

---

[1] Mögliche Systeme sind
   - konventionelle Relaistechnik,
   - festverdrahtete Steuerungen,
   - frei programmierbare Steuerungen,
   - Prozeßrechner-Steuerung.

Es bleibt anzumerken, daß hier zum Teil je nach "Hersteller-
philosophie" eine von der Ausschreibung abweichende Rechnerhierarchie eingesetzt wird.

Für die eingesetzten Rechner sind dann die geforderten
Steuerlogiken zu erstellen, entweder durch Verdrahten oder
durch Programmieren. Die Installationsphase beim Automatisierungsbereich umfaßt das Aufstellen der Rechensysteme
und die daran anschließende Implementierungsphase.

Die Hauptprobleme der Ausführungsphase liegen, abgesehen
von der Konstruktion etwaiger Sonderfördereinrichtungen,
vor allem auf seiten des Automatisierungsbereichs. Hierbei
ist insbesondere das erhebliche Zeitproblem bei der Pro-
grammierung hervorzuheben. Für Prozeßrechensysteme wird
deshalb angestrebt, die hierfür notwendige Zeit zu verkür-
zen. So wird in /31/ die Programmierspanne dadurch verkürzt,
daß schon für die Planungsphase benötigte und benutzte Steu-
erprogramme auch in der Ausführungsphase eingesetzt werden.

Weiterhin wird versucht, durch die speziell für die Prozeß-
steuerung von Materialflußsystemen entwickelte Sprache PEARL
/32/ den Programmieraufwand zu reduzieren. Damit soll gleichzeitig auch der nächste Schritt der Implementierung (= Kopplung Rechner mit Rechnerprogramm) verkürzt werden.

Da in der Implementierungsphase in der Regel der Förderbereich noch nicht zur Verfügung steht, läßt sich noch
keine Überprüfung des Prozeßverhaltens des Automatisierungsbereiches durchführen. Eine umfassende Fehlererkennung ist
erst bei der Inbetriebnahme möglich, wo der Förderbereich
mit dem Automatisierungsbereich gekoppelt wird. Um diesem
Mangel abzuhelfen, werden in /33/ mit Hilfe einer Prozeßsi-
mulation schon in der Installationsphase Reaktionen des
Automatisierungsbereiches überprüft und ggf. korrigiert.

3   <u>Zielsetzung</u>

Die Planung des Automatisierungsbereiches umfaßt neben der
Konzeption des Rechensystems die Ermittlung der Steuerungs-
anforderungen (Vorgaben). Es ist bis heute noch kein Verfahren bekannt, welches eine systematische Erarbeitung dieser Steuervorgaben ermöglicht. Vielmehr erfolgt die Entwicklung und Erprobung der Steuervorgaben in der Praxis heute nach der Methode "trial and error". Der dadurch entstehen-
de Zeitverlust und Kostenaufwand kann nicht länger hingenom-
men werden. Es ist vielmehr ein Hilfsmittel notwendig, mit
dem rasch und vollständig die einzelnen Steuerungsmaßnahmen
ermittelt werden können, mit deren Hilfe man in der Lage ist,
abhängig vom Prozeßzustand einen jeweils optimalen Betriebs-
punkt zu erreichen.

Das Reglement, welches diese Steuerungsmaßnahmen jeweils den
einzelnen Prozeßanforderungen zuordnet, soll als <u>Prozeßfüh-
rungsstrategie</u> definiert werden. Das Ziel dieses Reglements
ist es, für jeden Prozeßzustand optimale Abläufe zu gewährleisten.

Damit stellt sich das Ziel dieser Arbeit wie folgt:

        o Erstellen einer Systematik zur Ermittlung der
          Prozeßführungsstrategie für ein automatisier-
          tes Fördersystem für Stückgüter.

Im wesentlichen hat diese Systematik die Schritte

        - Vorgabe von Prozeßführungsstrategien
        - Überprüfung von Prozeßführungsstrategien
        - Auswahl einer Prozeßführungsstrategie

zu umfassen.
Die Abfolge obiger Schritte wird aus Bild 6 ersichtlich.

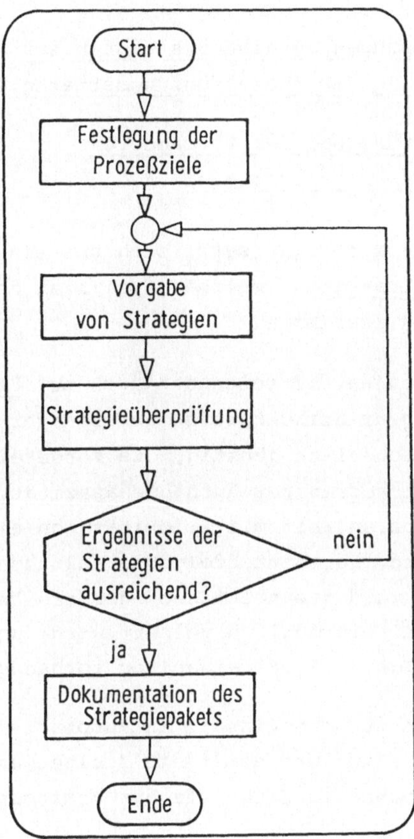

Bild 6: Ablaufdiagramm zur Ermittlung der Prozeßführungsstrategie eines AFS
(optimales Fördersystem - hinsichtlich
Strukturierung und Dimensionierung - vor-
ausgesetzt)

Um obiges Ziel realisieren zu können, ist es vorab erforderlich, das automatisierte Fördersystem hinsichtlich Komponenten und Aufgaben zu beschreiben. Nur dann ist es möglich, das Zusammenwirken von operativem Teil (= Förderbereich) und steuerndem Teil (= Automatisierungsbereich) detailliert aufzuzeigen und damit einer Untersuchung zugäng-
lich zu machen.

4   Anforderungen an eine Systematik zur
         Ermittlung der Prozeßführungsstrategie

4.1   Anforderung bei der Vorgabe von
         Prozeßführungsstrategien

Die Prozeßführungsstrategie setzt sich aus einer endlichen
Menge von Punktstrategien, welche jeweils an den Steuerpunkten angreifen, zusammen.

Diese Punktstrategien, im folgenden auch nur Strategien genannt, sind in ihrer Wirkungsweise aufeinander abzustimmen.
So ist es z.B. sicherlich günstig, die Fördereinheiten einer
Förderstrecke mit begrenzter Aufnahmekapazität, die aufgrund
ihrer kurzen Durchlaufzeit mit Priorität von einem Verteilpunkt bedient wird, durch nachfolgende Maßnahmen bevorzugt zu
behandeln. Damit wird gewährleistet, daß die "schnelle" Förderstrecke so schnell wie möglich geleert wird, und somit wieder
Platz für nachfolgende Fördereinheiten vorhanden ist.

Da die Strategien für den Einsatz in automatisierten Fördersystemen gedacht sind, und damit die Zielsetzung besteht,
den Ablauf ohne manuelle Eingriffe durchzuführen, ist

        o Vollständigkeit und
        o Eindeutigkeit

zu gewährleisten.

Die Forderung nach Vollständigkeit besagt, daß für alle
strategierelevanten Prozeßzustände Maßnahmen vorzusehen sind.
Eindeutigkeit besteht dann, wenn für gleiche Prozeßzustände jeweils die gleichen Maßnahmen eingeleitet werden.

Bestehen für einzelne Steuerpunkte mehrere geeignete Strategien, so ist es sinnvoll, die Variationen der Strategien,
die ja jeweils eine Prozeßführungsstrategie ergeben, zu beschränken, um den Überprüfungsvorgang zu reduzieren.

In diesen Fällen ist über ein Vorprüfungsverfahren eine
überschaubare Anzahl erfolgversprechender Prozeßführungsstrategien auszuwählen.

4.2 Anforderungen an ein System zur Überprüfung und Bewertung von Steuerungsstrategien

Um Aussagen über die einzusetzenden Steuerungsstrategien,
sowie über deren Zusammenspiel machen zu können, ist ein
Überprüfungshilfsmittel erforderlich, mit dem auch komplexe
AFS betrachtet werden können. Die Überprüfung sollte mit
minimalem Zeitaufwand durchführbar, realitätsgerecht und
nachvollziehbar sein. Da die Überprüfung in der Planungsphase nicht am realen Prozeß durchgeführt werden kann, ist
ein Modell zu entwickeln, das in der Lage ist, den Förderprozeß samt Steuereinwirkungen abzubilden.

4.2.1 Einsatzanforderungen / Anwendungsanforderungen

Die Modellierung komplexer Systeme, bei denen eine Vielzahl
von Abhängigkeiten vorhanden ist, läßt sich ohne Einsatz der
EDV nicht sinnvoll durchführen.

Um aber unabhängig von größeren Rechenzentren zu werden,
ist eine Einsatzmöglichkeit auf Kleinrechnern anzustreben
/34/. Diese Anforderung beinhaltet, daß sowohl der Speicherplatz als auch die Rechenzeit restriktiv zu behandeln sind.
Um der Beschaffung von Spezial-Sprach-Compilern zu entgehen,
ist auf eine höhere Programmiersprache zurückzugreifen /35/.

Der eigentliche Modellierungs- und Überprüfungsvorgang soll
von den Planern der Fördersysteme selbst durchführbar
sein. Um einen einfachen und schnellen Einsatz zu ermöglichen
ist der Modellierungsvorgang auf das Setzen von Parametern zu
reduzieren, so daß keine Kenntnisse der eingesetzten Programmiersprache vonnöten sind.

Die eingegebenen Parameter sind vor ihrer Annahme durch
das System einer formalen und logischen Kontrolle zu unter-
ziehen. Fehler sind dem Anwender zusammen mit Korrekturmög-
lichkeiten mitzuteilen /36/.

4.2.2   <u>Abbildungsanforderungen</u>

Das einzusetzende Modell muß in der Lage sein, alle Elemen-
te des Förderbereiches (vgl. 5.1 ff) mit ihren gegenseitigen
dynamischen Abhängigkeiten und Auswirkungen abzubilden. Der
Automatisierungsbereich dagegen ist nur hinsichtlich seiner
Auswirkung auf den Förderbereich zu integrieren. Dabei ist
eine "Steuerlogik" abzubilden, die eine Festlegung der
Steuerungsmaßnahmen aufgrund des Prozeßverhaltens ermöglicht.
Im Modell müssen die Elemente des Förderbereiches durch die-
se Maßnahmen beeinflußbar sein. Es ist also ein Regelkreis
Prozeß-Steuerlogik-Prozeß aufzubauen.

Die Struktur des Automatisierungsbereiches ist nicht nach-
zubilden, da hier die Reaktionszeit im Vergleich zu den
Förderzeiten des Förderbereiches so kurz ist, daß sie ver-
nachlässigt werden kann. Eine solche Modellierungsschärfe
wäre sicherlich dann sinnvoll, wenn der Automatisierungsbereich zu dimensionieren ist.

Um eine leichte und schnelle Änderung der Steuerlogik
vornehmen zu können, ist diese unabhängig vom Förderbereich zu modellieren. Eine Änderung soll ohne Abwandlung
des bestehenden Modells des Förderbereiches und des obigen
Regelkreises erfolgen können. Bei Änderungen ist zu beachten, daß eine neue Steuerlogik sich nahtlos ins bestehende
Modell einpaßt.

Um die Auswirkungen von Störungen (= Funktionsausfall) auf
den Förderbereich sowie die Reaktionen der Steuerung darauf
erproben zu können, sind Störsituationen modellmäßig zu
integrieren. Störungen können ihre Ursachen sowohl im Förderbereich als auch im Automatisierungsbereich haben. Der Ausfall eines Regalbediengerätes eines Hochregallagers ist

z.B. eine Störung im Förderbereich. Für die Dauer der Störung ließe sich über parallele Regalbediengeräte ein Teil des geforderten Umschlags bewältigen. Die Steuerungslogik müßte diesen Notbetrieb berücksichten.

Ein Ausfall im Automatisierungsbereich, wie z.B. eine Unterbrechung der Fachzuweisung von einzulagernden Lagereinheiten, läßt sich mit Hilfe der Steuerungslogik nicht abfangen, da im Förderbereich benötigte Steuerentscheidungen ausbleiben. Die Auswirkungen im Förderbereich zeigen sich hier in Form von Warteschlangen vor dem Lagerfach-Zuweisungspunkt. In diesem Fall ist auf einen manuellen Notbetrieb umzusteigen.

4.2.3 Auswertungsanforderungen

Über das Systemverhalten sind relevante Zustandsdaten zu erfassen, statistisch aufzubereiten und auszugeben. Diese Ausgabedaten des Modellsystems müssen so aufbereitet sein, daß sie ohne zusätzliche Erläuterung verständlich sind. Wichtig dabei ist, daß nur die relevanten Ergebnisse aus der Vielzahl der möglichen Output-Daten herausgearbeitet werden. Nur so lassen sich Schwachstellen sofort transparent machen.

Ferner muß an das System die Forderung gestellt werden, zusätzliche, anwenderspezifische Output-Auswertprogramme problemlos integrieren zu können. Nur so ist gewährleistet, daß benötigte Kurven und Tabellen in der betriebsspezifischen Form (Norm) erstellt werden können. Sie lassen sich somit ohne Änderung in die unabdingbaren Untersuchungsberichte übernehmen.

5   Beschreibung eines automatisierten
         Fördersystems

Im Rahmen dieser Arbeit sollen nur solche innerbetrieblichen
Fördersysteme behandelt werden, die sich aufgrund ihrer de-
terminierten Struktur zur Automatisierung anbieten. Der Verfasser beschränkt sich hier auf die Behandlung von geführten
Systemen /37/ für Stückgüter. In geführten Systemen finden
die Förderbewegungen auf fest vorgegebenen Förderwegen statt.
So fahren z.B. induktiv geführte Fahrzeuge an im Boden ver-
legten Leitdrähten. Festgelegt sind auch die Bewegungsmög-
lichkeiten der Gehänge eines P+F-Förderers[1] durch ein fest
installiertes Hängeschienensystem.

Weiterhin schränkt der Verfasser seine Arbeit dahingehend
ein, daß den einzelnen definierten Förderwegen jeweils nur
eine Fördergeschwindigkeit zugeordnet wird. Eine prozeßab-
hängige Geschwindigkeitsvorgabe ist damit nicht Inhalt der
dieser Arbeit zugrundeliegenden Systematik.

Die Beschreibung eines automatisierten Fördersystems soll
im folgenden anhand der in Bild 3 erläuterten Struktur erfolgen. Hierbei wird zwischen dem Förderbereich und dem
Automatisierungsbereich unterschieden.

5.1   Die Elemente des Förderbereiches

Die Aufgabe eines Förderbereiches besteht darin, Fördervor-
gänge auf den Förderstrecken zwischen den Aufgabepunkten
(Quellen) und den Abgabepunkten (Senken) durchzuführen. Die
Gesamtheit dieser Förderstrecken soll im folgenden als Förderstreckennetz bezeichnet werden. In diesem Förderstreckennetz wird eine Förderung der Stückgüter durchgeführt.

---

[1] Power-and-Free-Förderer = Schleppkreisförderer

Unter "Fördern" soll dabei in Anlehnung an /38,39/ das Fortbewegen von Gütern mit Mitteln der Fördertechnik innerhalb abgegrenzter Bereiche verstanden werden.

Faßt man alle Einheiten, die sich in dem Förderstreckennetz bewegen, unter dem Oberbegriff "Bewegliche Einheiten" zusammen, so läßt sich ein geführtes Fördersystem durch sein ortsfestes Förderstreckennetz und die Beweglichen Einheiten beschreiben.

5.1.1   Bewegliche Einheit

Die Bewegliche Einheit kann eine der folgenden Erscheinungsformen annehmen:

    o Fördereinheit
    o Fördereinheitenträger
    o Fördereinheit und Fördereinheitenträger

Eine Fördereinheit setzt sich aus dem Fördergut /40/ und, so weit notwendig, aus dem für die Zusammenfassung erforderlichen Förderhilfsmittel /40/ zusammen.

Ein Fördereinheitenträger ist immer dann erforderlich, wenn sonst keine Förderung der Fördereinheit auf dem vorgegebenen Förderstreckennetz möglich ist. Erforderlich sind Fördereinheitenträger z.B. bei Hängebahnsystemen, P+F-Förderern, fahrerlosen Transportsystemen usw [1].

Selbst innerhalb überschaubarer kleiner Fördersysteme können unterschiedliche Bewegliche Einheiten erforderlich sein. So treten z.B. bei einem Hochregallager-Vorhof-Transportsystem /41/, welches mit Rollen-Ketten-Förderern und Unterpaletten, die aufgrund unterschiedlicher Fördergutabmessungen benötigt werden, arbeitet, folgende ablaufbedingte Bewegliche Einheiten auf: Die Einlageraufträge (=Fördereinheit) werden mit Unterpaletten (=Fördereinheitenträger) versehen und gemeinsam (Fördereinheit + Fördereinheitenträger) auf Rollen-Ketten-Förderern (=Förderstreckennetz) zum Regalbediengerät gefördert.

---

1) Fördereinheitenträger sind Teile des Fördersystems.
   Mögliche Fördereinheitenträger sind: Induktiv geführte Fahrzeuge, Fördergehänge, Querverschiebewagen etc.

5.1.2 Förderstreckennetz

Mit Hilfe der Komponenten

- o Förderstrecke,
- o Knotenpunkt und
- o Begrenzungspunkte (= Systemschnittstellen)
  Quelle und Senke

läßt sich die Gesamtheit aller Förderstreckennetze darstellen.

5.1.2.1 Förderstrecken

Die Förderstrecken bilden die "Bahnen" für die Beweglichen
Einheiten. Auf ihnen findet die Förderung statt.

Förderstrecken können, je nach Art des AFS, in unterschiedlichen Erscheinungsformen auftreten, z.B. als Förder-
schienen einer Hängebahn, als Fahrwege für induktive Fahrzeuge, als Tragkettenförderer oder als Rollenbahn.
Gemeinsam ist allen diesen Erscheinungsformen, daß der Weg
der Förderung festgelegt ist.

Eine hier ausreichende Beschreibung der Förderstrecken
muß folgende Merkmale umfassen:

- o Angaben über das Zeitverhalten
- o Angaben über das Kapazitätsverhalten
- o Angaben über die räumlichen Anordnungsbeziehungen
- o Angaben über die Förderrichtung(en).

Das Zeitverhalten einer Förderstrecke wird durch die
minimale Durchlaufzeit[1] und die Eintrittsrestriktion (mini-
maler zeitlicher Abstand zweier nacheinander eintretender
Beweglicher Einheiten) beschrieben.

---

1) Minimale Durchlaufzeit einer Förderstrecke = Förder-
   streckenlänge/Fördergeschwindigkeit der Beweglichen
   Einheiten auf dieser Förderstrecke

Das Kapazitätsverhalten einer Förderstrecke macht Aussagen über die maximale Anzahl an Beweglichen Einheiten, die sich gleichzeitig auf der Förderstrecke aufhalten können. Diese obere Grenze kann determiniert sein, wie z.B. bei den Stauförderern Rollenbahn oder Hängebahn. Sie kann aber auch systemzustandsabhängig sein, wie z.B. bei einem ungeteilten Bandförderer. Hier hängt die momentane maximale Anzahl Beweglicher Einheiten von den Abständen zwischen den Beweglichen Einheiten und damit vom Eintrittsabstand ab. Mit Hilfe der räumlichen Anordnungsbeziehungen wird die Struktur des Förderstreckennetzes beschrieben. Damit läßt sich die Anbindung einer Förderstrecke an die übrigen Komponenten des Förderstreckennetzes definieren.

Die Förderrichtung beschreibt den Durchlauf der Beweglichen Einheiten durch die Förderstrecke. Damit sind auch Ein- und Austrittspunkt festgelegt. Bild 7 gibt die möglichen Erscheinungsformen der Förderrichtung für eine Förderstrecke wieder.

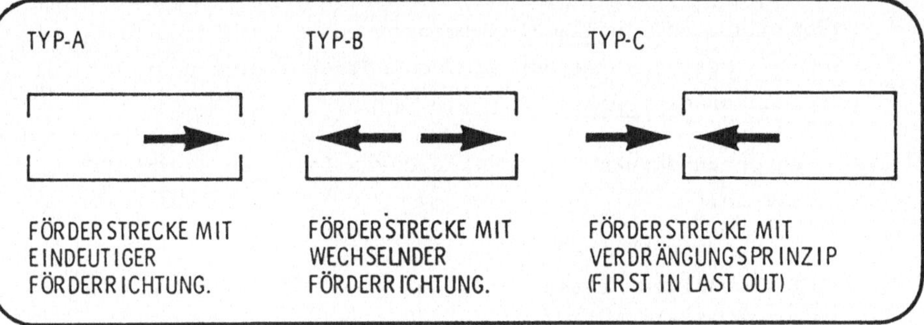

Bild 7: Möglichkeiten des Förderstreckendurchlaufes

Im Zuge der Automatisierung von Fördersystemen gewinnen neben der reinen Förderfunktion eine Anzahl von zu integrierenden Materialflußfunktionen zunehmend an Bedeutung. Dazu zählen Lagern, Puffern, Verteilen, Sammeln, Handhaben Sortieren und Bearbeiten /42/.

Mit den oben erläuterten Beschreibungmerkmalen läßt sich
der größte Teil solcher Zusatzfunktionen auf ein reines
Fördersystem zurückführen. So finden z.B. Tauchlackierun-
gen häufig während der kontinuierlichen Förderbewegung statt,
indem die Fördergüter hängend, z.B. an einem P+F-Förderer,
durch ein Tauchbecken gefahren werden. Dieser Lackiervor-
gang läßt sich durch eine Förderstrecke mit den Kennwerten
"Durchlaufzeit" und "maximaler Anzahl gleichzeitig tauchen-
der Gehänge" eindeutig beschreiben.

Auch der Lagerkanal eines automatischen Durchlauflagers
wäre mit den Größen minimale Durchlaufzeit und maximal
mögliche Anzahl Lagereinheiten im Kanal hinreichend dargestellt. Zum Verlassen einer Fördereinheit (= Lagereinheit)
ist jedoch auf jeden Fall ein Stellbefehl (vgl. Bild 3)
des Automatisierungsbereichs erforderlich.

5.1.2.2 Begrenzungspunkte

Die Begrenzungspunkte bilden die Schnittstellen des be-
trachteten Förderbereichs zur Umwelt. Während über den
Begrenzungspunkt Quelle Fördereinheiten in den Förderbereich eintreten, verlassen sie den Förderbereich über den
Begrenzungspunkt Senke.

Der Begrenzungspunkt Quelle wird durch folgende Attribute
beschrieben:

>   o Typverhalten
>   o Zeitverhalten
>   o räumliche Anordnungsbeziehung.

Das Typverhalten macht Angaben über Art und Menge der ankommenden Fördereinheiten. Durch das Zeitverhalten werden
Aussagen über die zeitlichen Abstände der ankommenden
Fördereinheiten getroffen. Im Gegensatz zur Förderstrecke
umfaßt die Angabe zur räumlichen Anordnung definitionsgemäß nur die Nachfolgebeziehung zur benachbarten Förder-
streckennetzkomponente. Damit ist auch die Förderrichtung
eindeutig festgelegt.

Bei dem Begrenzungspunkt Senke sind nur die Attribute

      o Zeitverhalten und

      o räumliche Anordnungsbeziehung

zur eindeutigen Beschreibung erforderlich. Die räumliche
Anordnungsbeziehung beschränkt sich bei der Senke auf die
Zuordnung zu der jeweils vorgeordneten Förderstreckennetz-
komponente. Eine Festlegung der Förderrichtung ist auch
hier nicht erforderlich, da eine Senke als "Endkomponente"
eines Förderstreckennetzes definiert ist.

Mit Hilfe des Zeitverhaltens lassen sich zeitliche Restriktionen beim Verlassen von Fördereinheiten über diese
Senke beschreiben. Durch diese Restriktionen lassen sich
zeitliche technische Grenzen eines Anschlußförderers des
automatisierten Fördersystems und/oder auch zeitliche Ein-
schränkungen, die von der Umwelt impliziert werden, beschreiben. Das letztere ist beispielsweise der Fall, wenn Gabelstapler die auftretenden Fördereinheiten vom AFS abnehmen und
weiterfördern. Hier können die Fördereinheiten nur dann
die Senke (die Abnahmebahn) verlassen, falls ein freier
Gabelstapler vorhanden ist. Diese Abhängigkeit läßt sich
z.B. mit einer Bedienungsverteilung /19/ beschreiben.

5.1.2.3 Knotenpunkte

Mit Hilfe der Knotenpunkte lassen sich Zusammenführ-, Ver-
zweigungs- und Einwirkfunktionen mit Hilfe gleichgenannter
Punkte realisieren. Gemeinsam ist allen Funktionen, daß an
den genannten Punkten Entscheidungen getroffen werden, ohne
welche diese Punkte nicht durchlaufen werden können. Beim Zusammenführen werden die Beweglichen Einheiten mehrerer
Förderstrecken vereinigt, beim Verzweigen werden Bewegliche
Einheiten einer Förderstrecke auf nachfolgende Förderstrecken
verteilt. Das Verzweigen bzw. Zusammenführen ist dabei nicht
auf gleichartige Bewegliche Einheiten beschränkt. So werden
z.B. bei der Kopplung von Fördergut (= Fördereinheit) mit
dem Gehänge (= Fördereinheitenträger) eines P+F-Förderers
zwei unterschiedliche Bewegliche Einheiten zu einer neuen

Einheit zusammengefaßt.

Im Gegensatz zum Verzweigen und Zusammenführen werden bei
der Einwirkfunktion keine unmittelbaren Entscheidungen
hinsichtlich einer Förderstrecke getroffen. Vielmehr werden an diesen Punkten für die anstehenden Beweglichen Einheiten dispositive Entscheidungen hinsichtlich Zielort und
eventuell Starttermin getroffen.

Einen wichtigen Vertreter einer solchen Einwirkfunktion
finden wir im Einlagerpunkt (I-Punkt), z.B. vor einem automatischen Hochregallager. An diesem Punkt wird das Ein-
lagerfach (= Ziel) für die einzulagernde Einheit bestimmt.

Eine weitere Anwendung findet die Einwirkfunktion bei der
Disposition von angetriebenen unbelegten Fördereinheitenträgern, und zwar dann, wenn diese auf einer separaten
Förderstrecke gespeichert werden. Die Einwirkung findet
hier in Form einer Zuordnung dieser Fördereinheitenträger
zu den wartenden zu fördernden Fördereinheiten statt.
Hier kann die Zuordnung nach Ort und Zeit erfolgen. Es
ist also jeweils die Frage zu klären, wann welcher Fördereinheitenträger welcher Fördereinheit zugeordnet wird.

5.1.2.4 Zur Vollständigkeit der Förderstrecken-netzbeschreibung

Mit Hilfe der bisher beschriebenen Netzelemente lassen sich
durch Hintereinander- und/oder Parallelanordnung alle
gängigen Fördernetze darstellen. Dies soll beispielhaft
anhand des "irreduziblen Transportknotens" gezeigt werden.
In /43/ wird dieser Knoten als notwendiges zusätzliches
Element eines Förderstreckennetzes angesehen (Bild 8).
Ein solcher Knoten "teilt n von den Punkten E_i
kommende Transportströme λ_i^E auf in m Transportströme λ_i^A
zu den Punkten A_i, wobei alle Ströme eine Konfliktzone K
durchlaufen".

Betrachtet man einen Verschiebewagen, der in /43/ als Bei-
spiel eines irreduziblen Transportknotens angesehen wird,
unter dem Gesichtspunkt der in dieser Arbeit entwickelten
Netzkomponenten, so ergibt sich die Darstellung entsprechend
Bild 9. Die eingehenden Förderstrecken (FS_1 ... FS_{n-1}) wer-
den über den Knotenpunkt mit Zusammenführfunktion KP_a der
Förderstrecke FS_n, die den jeweiligen Verschiebeweg des
Verschiebewagens charakterisiert, zugeführt. Mit Hilfe des
Knotenpunktes mit Verteilfunktion KP_b erfolgt dann die
Aufteilung auf die nachfolgenden Förderstrecken (FS_{n+1} ... FS_m).

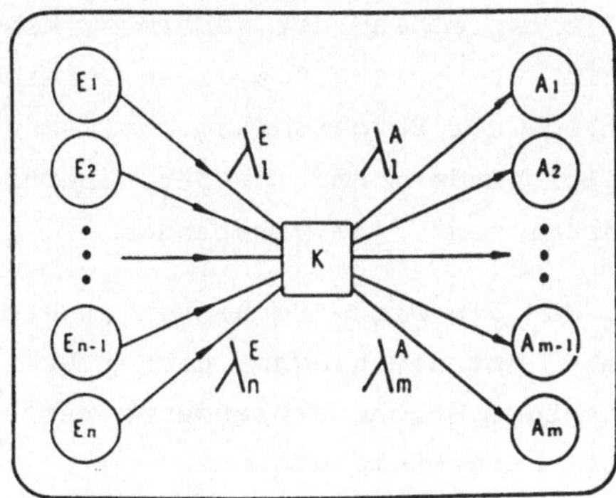

Bild 8: Irreduzibler Transportknoten (n,m) /43/

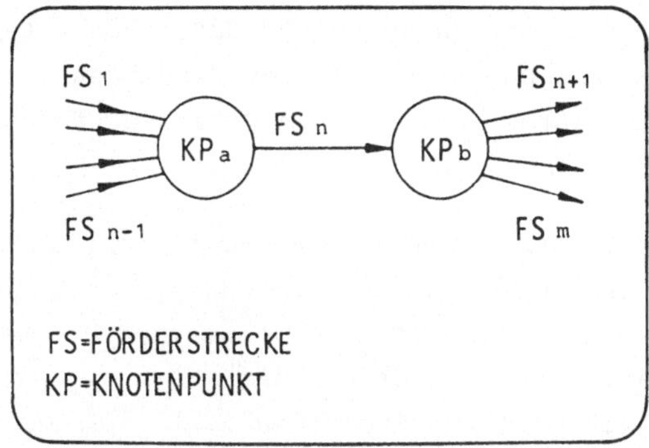

Bild 9: Darstellung des irreduziblen Transportknotens
        durch Fördernetzkomponenten

5.2 Automatisierungsbereich

Um ein automatisiertes Fördersystem zu konzipieren,
ist neben dem Förderbereich (= operatives Teilsystem) ein
Automatisierungsbereich (= Steuerungsteilsystem) erforderlich. Dieser steuert, regelt und überwacht anstelle des
Menschen den Förderprozeß.

Im Automatisierungsbereich werden Daten übertragen und
verarbeitet, die Informationen über den Prozeß und aus
der Umgebung des Prozesses enthalten. Dies geschieht mit
Hilfe eines oder mehrerer Prozeßrechensysteme. Unter Prozeßrechensystem wird entsprechend der genormten Bestimmung
"eine Funktionseinheit zur prozeßgekoppelten Verarbeitung
von Prozeßdaten, nämlich zur Durchführung boolescher,
arithmetischer, vergleichender, umformender, übertragender
und speichernder Operationen" /44/ verstanden.

Voraussetzung dafür, daß ein Prozeßrechensystem Prozeßdaten verarbeiten kann, ist die Eingabe dieser Prozeßdaten
in das Prozeßrechensystem. Solche Prozeßdaten werden Eingabedaten des Prozeßrechensystems genannt.

Die Ergebnisse der Verarbeitung können sowohl zur Beeinflussung des Prozesses als auch zu anderen Zwecken (z.B.
Information übergeordneter Systeme) dienen. Verarbeitete
Prozeßdaten werden Ausgabedaten des Prozeßrechensystems
genannt. Wenn sie zur Beeinflussung des Prozesses dienen,
müssen sie vom Prozeßrechensystem zum Prozeß übertragen
werden.

Erfolgt die Übertragung dieser Daten nicht über den Menschen, wie dies bei automatisierten Fördersystemen der Fall
ist, so spricht man von direkter geschlossener Prozeßkopp-
lung. Der Automatisierungsbereich eines AFS setzt sich i.allg.
aus mehreren Regel- und/oder Steuereinrichtungen und der
Prozeßführungseinrichtung zusammen, welche vielfach auch
als Prozeßlenkungseinrichtung /45/ bezeichnet wird.

Im Regelkreis des AFS läßt sich der Automatisierungsbereich
entsprechend Bild 10 darstellen.

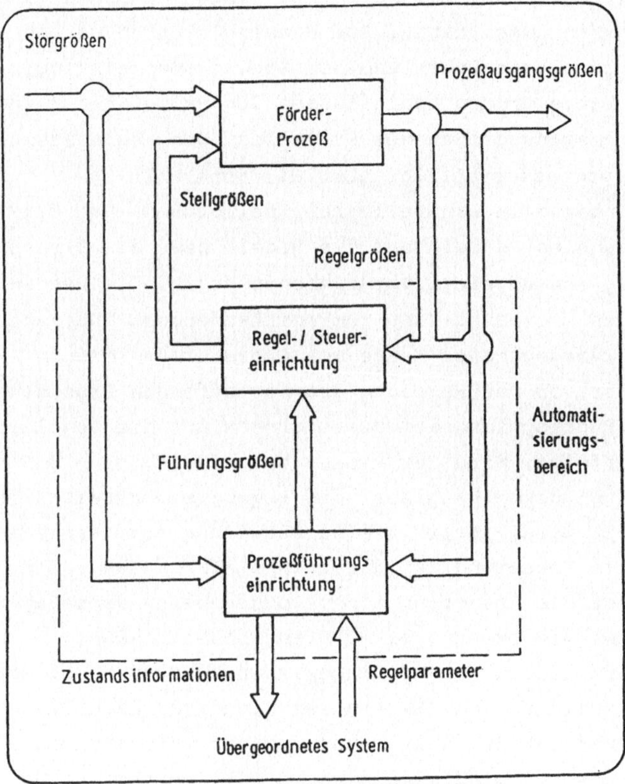

Bild 10: Informationstechnische Verknüpfung eines
automatisierten Fördersystems

5.2.1 Regel- und Steuereinrichtung

Ein Förderprozeß läßt sich als eine Menge von Regel- und
Steuerstrecken umschreiben. Auf diesen Strecken wirken
Eingangsgrößen, die Stör- und die Stellgrößen, ein (vgl.
Bild 10). Diese Größen beeinflussen den Prozeßablauf und
damit die Ausgangsgrößen des Prozesses. Die Beeinflussung
des Förderprozesses erfolgt über die innerhalb bestimmter Intervalle einstellbaren Stellgrößen. Das Einstellen geschieht dabei über die Regel- bzw. die Steuereinrichtung anhand einer vorgegebenen Logik. Die Beeinflussung des Prozesses kann zum fortlaufenden, indirekten
Einstellen vorgegebener Werte von Prozeßgrößen dienen. Man
spricht hier von der Regelung des betreffenden Prozesses,
wenn eine Rückkopplung der Prozeßgrößen auf die Regelein-
richtung erfolgt. Wird der Prozeß beeinflußt, ohne daß
hierfür eine Rückmeldung über das Ergebnis der Beeinflussung benutzt wird, so liegt eine Steuerung vor. Kennzeich-
nend für die Steuerung ist der offene Wirkungsweg. Ein
Beispiel ist die Steuerung eines vorgegebenen Prozeßab-
laufes, etwa die Drehung eines Drehtisches um 90° [1].
In /28/ wird jedoch darauf hingewiesen, daß auch bei der
Steuerung zumindest bei Beginn des Steuervorgangs Zustands-
informationen bekannt sein müssen. "Rein informations-
technisch gesehen sind also auch im Fall der Steuerung
Rückmeldungen vom Prozeß ... erforderlich". In dieser Arbeit
soll deshalb nicht mehr zwischen Regel- und Steuereinrichtung unterschieden werden, sondern nur noch von Steuereinrichtung gesprochen werden [2].

Unter Steuerung wird somit im folgenden der Vorgang des
zielgerichteten Beeinflussens von Größen im Förderprozeß
verstanden. Diese Definition soll noch dadurch eingeschränkt
werden, daß nur Ausführungssteuerungen, die auf Vorgaben
reagieren, zu berücksichtigen sind.

---

1) Eine Steuerung liegt hier vor, weil während des Drehvor-
   gangs keine Rückmeldung zur Steuereinrichtung durchgeführt
   wurde.
2) Die Betrachtungsweise entspricht damit der TGL 14591-74 /46/.

Die Vorgaben über die Art der Beeinflussung erhält die
Steuereinrichtung von der übergeordneten Prozeßführungseinrichtung.

5.2.2   Prozeßführungseinrichtung

Der Ablauf eines Prozesses wird durch eine Folge von Ereignissen bestimmt, die den Zustand des Prozesses jeweils
verändern. Bestimmt nun ein Prozeßrechensystem anhand
dieser ihm gemeldeten Ereignisse die Werte der Führungsgrößen für die Steuereinrichtungen, so spricht man von
automatischer Prozeßführung. Die Bestimmung der Werte der
Führungsgrößen erfolgt in der Prozeßführungseinrichtung
mittels eines Entscheidungsmodells. Die anzustrebende
Vorgabe optimaler Führungsgrößen wird als Prozeßoptimierung bezeichnet. Die Beeinflussung des Prozesses erfolgt
dabei im Rahmen der durch die Auslegung von Prozeß und
Automatisierungsbereich vorgegebenen Einstellungsmöglich-
keiten.

Bei Stückgut-Förderprozessen können die Führungsgrößen,
wie sie oben definiert sind, nur diskrete Werte annehmen.
So kann z.B. der Entscheidungsvorrat für eine Verteilweiche nur die Werte "abbiegen" oder "gerade durchfahren"
enthalten. Bei der Durchführung einer solchen Entscheidung durch die Steuereinrichtung können die Stellgrößen
(vgl. Kapitel 5.2.1) aber durchaus wieder stetige Werte
annehmen, wie z.B. bei der stufenlosen Geschwindigkeits-
regelung eines Fahrmotors.

Die Ausgabe von Werten der Führungsgröße erfolgt nur,
wenn dies aufgrund eines geänderten Zustands des Förderprozesses erforderlich ist. Da eine Reaktion nur auf Verände-
rungen des Ablaufes erfolgt, wird die Einstellung der Führungsgröße vielfach als Ablaufsteuerung bezeichnet. Der
Vorgang der Ablaufsteuerung in der Prozeßführungseinrichtung wird aus Bild 11 ersichtlich.

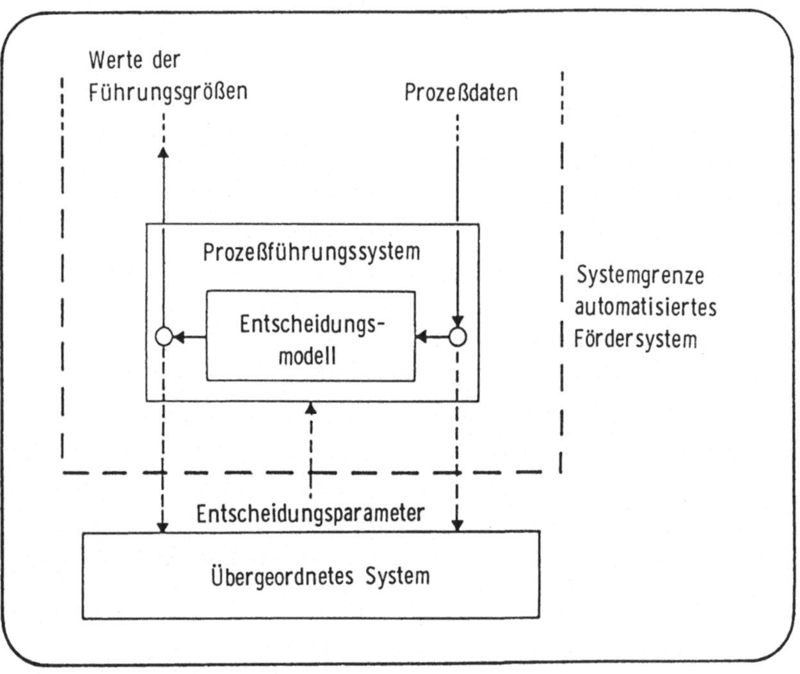

Bild 11: Informationsfluß zur Ablaufsteuerung von
automatisierten Fördersystemen

5.2.3 Prozeßführungsaufgaben des Automatisierungs-bereichs

Die Prozeßführungsaufgaben eines AFS werden durch die Prozeßführungseinrichtung (vgl. Kap. 5.2.2) wahrgenommen. Dabei
sind Entscheidungen zu treffen, die für den weiteren Durchlauf
der Beweglichen Einheiten im Prozeß benötigt werden. Im einzelnen sind Entscheidungen hinsichtlich

    o Ziel

    o Weg oder

    o Reihenfolge

der Beweglichen Einheiten herbeizuführen.

Die dafür benötigten Informationen gewinnt die Prozeßführungseinrichtung über ein "Materialflußverfolgungssystem"[1]. Die
Möglichkeiten der Materialflußverfolgung sowie deren Vor- und
Nachteile werden in /47/ und /48/ ausführlich diskutiert und
sollen hier nicht näher betrachtet werden.

5.2.3.1   Zielzuweisung

Unter Zielzuweisung ist die Bestimmung eines (vorläufigen)
Endzieles einer Beweglichen Einheit zu verstehen. Dieses
Ziel wird von der Beweglichen Einheit als nächstes ange-
laufen.

Vielfach wird die Zielzuweisung nicht der Prozeßführungseinrichtung zugeschlagen, sondern einem übergeordneten
System /31/. In dieser Arbeit soll sie jedoch als Prozeß-
führungsaufgabe angesehen werden, weil sich besonders bei
komplexen AFS eine Zielbestimmung anhand des Prozeßzustandes leistungssteigernd durchführen läßt. Es ist z.B. ein-
leuchtend, daß die Platzzuweisung für einen einzulagernden
Auftrag berücksichtigen sollte, ob die Warteschlange vor
dem Regalbediengerät der Gasse des ausgewählten Lagerplatzes
noch mit anderen Aufträgen gefüllt ist. Da das übergeordnete System üblicherweise keine Informationen des Material-
flußverfolgungssystems besitzt, kann es solche Entschei-
dungskriterien nicht berücksichtigen.

Eine Zielzuweisung kann sowohl für eine Fördereinheit als
auch für einen freien Fördereinheitenträger erforderlich
sein. Eine Fördereinheit kann dabei als Fördergut /99/, als
Förderhilfsmittel /40/ oder als Fördergut auf einem Förder-

---

[1] Das Materialflußverfolgungssystem stellt dem Automati-
sierungsbereich im wesentlichen Informationen über den
Aufenthaltsort und ev. den Zustand der Beweglichen
Einheiten zur Verfügung.

hilfsmittel vorliegen. Für einen Fördereinheitenträger, versehen mit einer Fördereinheit, erfolgt die Zielzuweisung "fördereinheitenbezogen".

5.2.3.1.1 Zielzuweisung für freie Fördereinheitenträger

Freie Fördereinheitenträger fallen an, nachdem sie ihre bisherige Fördereinheit abgeladen haben. Sie verlieren ihren freien Status mit der Zuteilung eines Endzieles. Diese Zuteilung erfolgt unter Berücksichtigung der wartenden, noch nicht eingeplanten Fördereinheiten. Die möglichen Situationen, die bei der Zuordnung Fördereinheitenträger-Fördereinheit auftreten können, sowie die daraus resultierenden Aktivitäten sind Bild 12 zu entnehmen.

Die Vielfalt der möglichen Situationen in Bild 12 ist insofern eingeschränkt, als die Zuordnung der Einheiten beider Warteräume immer so weit wie möglich erfolgt, also bis mindestens ein Warteraum leer ist.

Im Bedingungsanzeigerfeld der Entscheidungstabelle in Bild 12 kommen nur die Alternativen "ja", "nein" oder "-" vor. Ein "-" zeigt an, daß die Bedingung in einer Regel bedeutungslos ist. Die durchzuführenden Aktivitäten sind je Regel mit einem "X" gekennzeichnet. Die Kennzeichnung $(\widehat{x})$ zeigt an, daß bei dieser Aktivität ein Optimierungsalgorithmus sinnvoll einsetzbar ist.

Im folgenden sollen mögliche Kriterien, die bei der Zuordnung zu fördernder Fördereinheiten zu freien Fördereinheitenträgern herangezogen werden können, aufgezeigt werden:

Kriterien bei der Auswahl aus mehreren zu fördernden Fördereinheiten

      o Anfahrwege (-zeiten) zu den einzelnen
        Fördereinheiten

o Füllungsgrade der Fördereinheitenaufent-
  haltsförderstrecken

o Fördereinheitenprioritäten

  - Wartezeiten (z.B. FIFO)
  - absolute Priorität (z.B. Eilauftrag)

o zufällige Auswahl.

	R1	R2	R3	R4	R5
mind. 1 freier FT vorhanden?	ja	ja	--	ja	nein
mehrere freie FT vorhanden ?	nein	nein	--	ja	--
mind. 1 Auftrag vorhanden ?	ja	ja	nein	ja	--
mehrere Aufträge vorhanden ?	nein	ja	--	nein	--
weiterer Ablauf entsprechend Auftragswartedisziplin					(X)
Einplanung des einzigen Auftrages	X			X	
Auswahl aus mehreren Aufträgen		(X)			
weiterer Ablauf entsprechend FT-Wartedisziplin			(X)		
Einplanung des einzigen FT	X	X			
Auswahl aus mehreren FT				(X)	

Auftrag = zu fördernde Fördereinheit
X   Maßnahmen
(X)   Einsatzmöglichkeit von Optimierungsstrategien
R   Regel
FT   Fördereinheitenträger

Bild 12: Reduzierte Entscheidungstabelle für die
         Zuordnung freier Fördereinheitenträger
         zu Fördereinheiten

<u>Kriterien bei der Auswahl aus mehreren freien Förder-
einheitenträgern</u>

    o Anfahrwege (-zeiten) zu der zu
      fördernden Fördereinheit

    o Fördereinheitenträgerprioritäten

      - Wartezeiten (z.B. FIFO)
      - Auslastungen

    o zufällige Auswahl.

Ist eine Zuordnung Fördereinheit - freier Fördereinheitenträger nicht möglich, weil entweder kein Förderauftrag oder
kein freier Fördereinheitenträger vorhanden ist, haben sich
die jeweils wartenden Einheiten einer Wartedisziplin zu unterwerfen (vgl. Bild 12):

<u>Fördereinheitenträger-Wartedisziplin</u>

    o Warten am momentanen Standort

    o Fahren zur Wartestrecke der freien
      Fördereinheitenträger

      - zur Wartestrecke mit kürzestem
        Anfahrweg

      - zur Wartestrecke mit kleinstem
        Füllungsgrad

      - zur Wartestrecke mit höchster
        Priorität

    o Leer-Such-Fahrt.

<u>Fördereinheiten-Wartedisziplin</u>

    o Warten
    o Rücknahme der Förder-Anmeldung
      (= verlorene Forderung /19/)

5.2.3.1.2 <u>Zielzuweisung für Fördereinheiten</u>

Ist das bisherige Ziel einer Fördereinheit erreicht und damit für den weiteren Fördervorgang nicht mehr relevant, so ist diese Fördereinheit mit einem neuen Ziel auszustatten. Erfolgt diese Zuordnung nicht durch eine übergeordnete Stelle, so ist sie von der Prozeßführung vorzunehmen.
Dabei ist zwischen ein- und mehrstufiger Zuweisung zu unterscheiden. Bei der <u>einstufigen Zuweisung</u> erfolgt die Zielortermittlung in einem Schritt. Bei einer <u>mehrstufigen Zuweisung</u> wird der Zielauswahlbereich mit jedem Schritt eingeschränkt. Am Beispiel einer zweistufigen Lagerplatzvergabe soll ein solcher Vorgang deutlich gemacht werden: Im ersten Schritt läßt sich z.B. mit Hilfe einer Taktung die Einlagergasse A bestimmen. Die Bestimmung des Einlagerfaches in der Gasse A läßt sich dann im zweiten Schritt aufgrund der kürzesten Fachanfahrzeit vornehmen.

Die Zuweisung läßt sich anhand von Zuordnungskriterien prozeßabhängig durchführen. In der folgenden Auflistung sind die wichtigsten Zuordnungskriterien beschrieben:

    o Zyklische Zuordnung
    o Zielortpriorität
    o Fahrzeit
      - Leerfahrzeit
      - Gesamtfahrzeit (bei Doppelspiel)
    o Zielortzustandsabhängig
      - Wartezeit
      - Füllungsgrad
      - Betriebszustand
        (gestört - ungestört)
    o Abhängigkeit vom Betriebszustand der Fördereinheitenträger (gestört - ungestört)
    o zufällige Zuweisung.

5.2.3.2   Förderstreckenzuweisung

Eine Förderstreckenzuweisung ist immer dann erforderlich,
wenn ein vorgegebenes Ziel über alternative Förderstrecken
erreichbar ist. Die Förderstreckenzuweisung läßt sich entsprechend des Betrachtungshorizonts wegorientiert oder
weichenorientiert durchführen.

5.2.3.2.1 Prinzip der wegorientierten Strecken-
              zuweisung

Bei der wegorientierten Streckenzuweisung wird eine optimale Folge von Förderstrecken ermittelt. Diese Folge umfaßt
Förderstrecken vom Standort bis zum Zielort der Beweglichen
Einheit. Sie kann sowohl für jeden Streckenzuweisungsvor-
gang neu berechnet (="Methode der Förderstreckenberechnung"),
als auch einer abgespeicherten "Förderstreckenfolgematrix"
entnommen werden.

Der Vorteil der berechnenden Methode liegt in der Möglichkeit, aktuelle Prozeßzustände bei der Zuweisung einer Förderstreckenfolge zu berücksichtigen. Damit besteht die Möglichkeit, das Kriterium "kürzester Weg" zu modifizieren,
indem die Förderstreckenzustände

  o frei
  o belegt
  o blockiert ($\Rightarrow$ Inhalt = max. Kapazität)
  o gestört

mit herangezogen werden.

Diese Zustände lassen sich unterschiedlich bewerten. Es
wäre z.B. sinnvoll, für eine "freie" Förderstrecke keinen
Zuschlag bei seiner Weglänge vorzusehen, eine "gestörte"
Förderstrecke jedoch mit einer unendlichen Weglänge zu be-
legen.

Der Zustand "belegt" läßt sich mit Hilfe füllungsgradbe-
zogener Kennzahlen näher charakterisieren. So verspricht
z.B. die Förderstreckenkennzahl α.

$$\alpha = a+b \; \frac{\text{mom. Förderstreckeninhalt}}{\text{Förderstreckenkapazität}}$$

gute Ergebnisse. Die Parameter a und b sind dabei je nach
Anwendungsfall zu optimieren.

Aufgrund der Möglichkeit,den Prozeßzustand zu berücksichtigen, ist es bei der "Berechnungsmethode" möglich, eine mehrstufige Entscheidung durchzuführen. Diese mehrstufige Entscheidung läuft dabei wie folgt ab: An einem Zuweisungspunkt wird ein optimaler Weg zwischen Zuweisungspunkt und
Zielpunkt bestimmt. Dieser Weg wird von der Beweglichen Einheit eingeschlagen. Befindet sich auf diesem Weg eine weitere Verzweigung, die alternative Wege ermöglicht, so wird
hier wiederum überprüft, ob der bisherige Zielweg noch optimal ist, oder ob jetzt ein Alternativweg, z.B. durch Wegfall eines Störzustandes, günstiger ist. So ist man in der
Lage, in Abhängigkeit des aktuellen Prozeßzustandes einen
jeweils optimalen Durchlauf der Beweglichen Einheiten zu gewährleisten.

Ein weiterer Vorteil der "berechnenden Methode" ist darin
zu sehen, daß kein "Kernspeicherplatz" im Prozeßrechensystem erforderlich ist, um die Förderstreckenfolge abzuspei-
chern.

Die Schwäche der "berechnenden Methode" liegt dagegen in der
verhältnismäßig hohen Rechenzeit, die sich evtl. prozeßkri-
tisch auswirken kann.

Sowohl bei der "berechnenden Methode" als auch bei der Erstellung einer Förderstreckenfolgematrix lassen sich zur Bestimmung optimaler Wege die Verfahren des Operations Research
anwenden. Es sind hierbei die Lösungsverfahren mit Matrix-
und die mit Baumalgorithmen zu unterscheiden. Zu den Matrix-

algorithmen zählen z.B. die Verfahren von Floyd, Dantzig
und Hasse, zu den Baumalgorithmen die Verfahren von Moore,
Dijkstra, Ford, Nicholson. Auf eine Beschreibung dieser Verfahren soll hier verzichtet werden, da sie als bekannt vor-
ausgesetzt werden können. So ist z.B. in /49/ eine Gegenüberstellung dieser Verfahren, unter Berücksichtigung der
Lösungsprinzipien, möglicher Modifikationen sowie ihrer An-
wendungsbereiche, enthalten.

5.2.3.2.2 <u>Prinzip der weichenorientierten Strecken-</u>
<u>zuweisung</u>

Bei der weichenorientierten Streckenzuweisung wird der BE [1]
nur eine, der Weiche nachfolgende, Förderstrecke zugewiesen.
Es wird also nicht, wie bei der wegorientierten Zuweisung,
der Gesamtförderstreckenverlauf vom Standort bis zum Zielort untersucht. Daraus folgt, daß bei der weichenorientierten Streckenzuweisung nur Informationen über die Weiche
selbst, sowie über benachbarte Förderstrecken erforderlich
sind.

Die Wirkungsweise einer Weiche soll im folgenden kurz skiz-
ziert werden.
Betrachtet man den ankommenden Förderstrom λ_g sowie die ver-
zweigten Teilströme $\lambda_1, \ldots, \lambda_n$ einer Verteilweiche mit n
nachfolgenden Förderstrecken, so gilt:

$$\lambda_g = \lambda_1 + \ldots + \lambda_n$$

Für die Arbeitszeit[2] t_a einer Weiche, die sich sowohl aus
den Schaltzeiten t_s als auch aus den Zeiten $t_1 \ldots t_n$ zusammensetzt, an denen jeweils eine Bedienung der nachfolgenden Förderstrecken 1 - n möglich ist, gilt folgendes:

$$t_a = t_1 \ldots + t_n + t_s.$$

---

1) BE = Bewegliche Einheit
2) Arbeitszeit = Gesamtzeit - Ausfallzeit (vgl. /50/)

Die Weichen, an denen eine weichenorientierte Streckenzuweisung vorgenommen werden kann, sind mit ihren Ausprägungs-
formen in Bild 13 klassifiziert. Dabei sind die Weichen mit
stochastischer Bedienung nur vollständigkeitshalber aufge-
führt. Bei Weichen mit zyklischer Bedienung kann der Schalt-
zyklus mengen- oder zeitorientiert sein.

Eine Zeitorientierung (= Ampelschaltungen) liegt vor, wenn,
entsprechend einer vorgegebenen Reihenfolge, für jede der
nachfolgenden Förderstrecken eine jeweils vorgegebene Zeit
(t_{iz})[1] zur Bedienung bereitgestellt wird. Die Arbeitszeit
dieser Weiche setzt sich damit wie folgt zusammen:

$$t_A = m \,(t_{1z} + \ldots + t_{nz} + t_s),$$

wobei m die Anzahl der Zyklen angibt.

Zyklische Weichen mit Folgeschaltung wechseln die zu bedie-
nende Förderstrecke, wenn für die bestehende Förderrichtung
eine vorgegebene Anzahl Beweglicher Einheiten (λ_{iz})[2] trans-
feriert ist. Die Förderströme stehen damit in folgendem Zusammenhang:

$$\lambda_g = m \,(\lambda_{1z} + \ldots + \lambda_{nz}).$$

Der Zyklus sowohl bei der Ampelschaltung als auch bei der
Folgeschaltung kann als fest oder auch als prozeßabhängig
veränderlich angesehen werden. Nur bei einem veränderlichen
Zyklus kann die Bedienung einer Förderstrecke abgebrochen
werden, obwohl die geforderte Transferzeit bzw. die geforderte Anzahl Beweglicher Einheiten noch nicht erreicht sind.
Sinnvoll ist eine Zyklusänderung z.B. dann, wenn die zur Zeit
aktuelle Förderstrecke gestört oder überlastet (= blockiert)
ist.

---

[1] t_{iz} = Bedienzeit der Weiche z für Förderstrecke i.

[2] λ_{iz} = Förderstrom von Weiche z nach Förderstrecke i.

Zu 1) und 2): i = 1, ..., n; wobei n jeweils die Anzahl der
zu bedienenden Förderstrecken angibt.

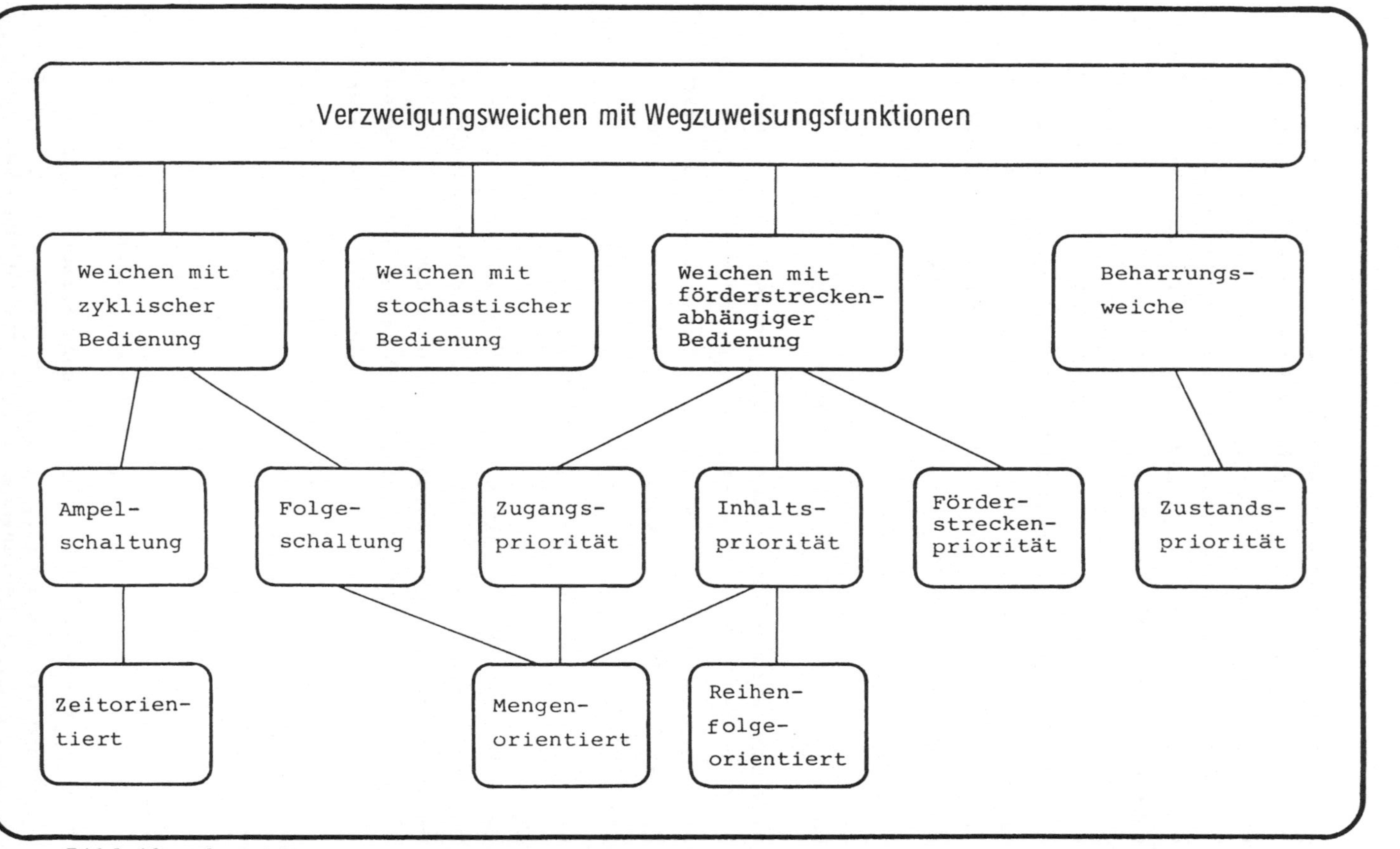

Bild 13: Klassifizierung der Verzweigungsweichen mit Wegzuweisungsfunktionen

An Weichen mit förderstreckenabhängiger Bedienung wird über
den weiteren Verlauf (Weg) der Beweglichen Einheiten in Abhängigkeit von den nachfolgenden Förderstrecken entschieden.
Besitzt eine dieser Förderstrecken die absolute Priorität
(= Förderstreckenpriorität), so wird nur diese Förderstrecke
bedient, es sei denn, sie wäre gestört oder blockiert. Das
Steuerungsziel dieser Weiche läßt sich damit wie folgt darstellen:

$$\lambda_g \stackrel{!}{=} \lambda_p.$$

Hierbei stellt λ_p den Förderstrom für die Förderstrecke mit
Priorität dar.

Eine weitere förderstreckenabhängige Bedienung läßt sich
anhand der bisherigen Zugangszahlen der nachfolgenden Förderstrecken vornehmen. Ziel solcher Weichen ist es, die
Zugänge zu den nachfolgenden Förderstrecken entsprechend
einer vorgegebenen (meist prozentualen) Verteilung zu
regeln. Die höchste Priorität besteht für die Anlage, bei
welcher das Verhältnis der geforderten Zugänge zu den bisherigen Zugängen am größten ist. Sinnvoll ist eine solche
Aufteilung z.B. dann, wenn für parallele Förderstrecken
eine gleichmäßige Auslastung angestrebt wird und einige
der Beweglichen Einheiten nur für eine Förderstrecke in
Frage kommen (z.B. aufgrund unterschiedlicher Fördergutabmessungen), wodurch ein stetiges Weiterschalten nicht
gewährleistet werden kann.

Weichen, die in Abhängigkeit von den momentanen Beweglichen
Einheiten in den nachfolgenden Förderstrecken geschaltet
werden, orientieren sich entweder an der Gesamtmenge je
Förderstrecke oder an der (geforderten) Reihenfolge je
Förderstrecke. Die geforderte Reihenfolge gibt dabei eine
optimale Typfolge für die Beweglichen Einheiten auf der
nachfolgenden Förderstrecke an. So ist es z.B. möglich,
eine geforderte gleichmäßige Auslastung der Montagekapazi-
täten von parallelen Montagebändern über einen optimalen
"Model-Mix" zu erreichen.
Bei der mengenorientierten Prioritätszuweisung erhält die

Förderstrecke mit dem kleinsten "Inhalt" höchste Priorität. Der "Inhalt" einer Förderstrecke läßt sich als absolute Anzahl von Beweglichen Einheiten oder als Verhältniswert V_{in} definieren. Dabei ist

$$V_{in} = \frac{\text{momentaner Inhalt an Beweglichen Einheiten}}{\text{max. möglicher Inhalt an Beweglichen Einheiten}}$$

Das Ziel, das mit dem Einsatz einer Beharrungsweiche erreicht werden soll, liegt in der Minimierung der Schaltzeiten t_s, die bei dem Umstellen von der einen zur anderen Förderstrecke anfallen. Es wird also versucht, solange wie möglich Bewegliche Einheiten auf die momentan geschaltete Förderstrecke zu steuern. Sinnvoll ist der Einsatz einer solchen Weichenfahrweise sicherlich immer dann, wenn das Umschalten zu einer anderen Förderstrecke mit großen Verlustzeiten verbunden ist.

5.2.3.3 Reihenfolgesteuerung

Eine Reihenfolgefestlegung wird immer dann erforderlich, wenn mehrere Bewegliche Einheiten um eine Förderstrecke konkurrieren. Eine solche Situation kann entsprechend der Definition des Förderstreckennetzes (vgl. 5.1.2) nur an Zusammenführpunkten auftreten. Die Funktion dieser Zusammenführpunkte wird durch Zusammenführweichen realisiert.

Diese Weichen fassen die ankommenden Teilströme $\xi_1, \ldots, \xi_n$ zu einem Gesamtstrom ξ_g zusammen, so daß gilt:

$$\xi_g = \xi_1 + \ldots + \xi_n$$

Die Reihenfolge der Beweglichen Einheiten des Gesamtstromes läßt sich je nach Weichentyp beeinflussen. Die Grundformen der Zusammenführweichen sind in Bild 14 wiedergegeben.

Die Weichen mit zyklischer Abfertigung, die Beharrungsweiche sowie die Weichen mit stochastischer Abfertigung entspre-

chen in ihren Erscheinungsformen den Verzweigungsweichen
(vgl. 5.2.3.2.2) und brauchen deshalb hier nicht näher erläutert zu werden.

Die Weichen mit förderstreckenabhängiger Abfertigung unterscheiden sich hinsichtlich Inhaltspriorität und prinzipieller
Förderstreckenpriorität. Die Förderstreckenpriorität dieser
Weichen bezieht sich dabei auf die Förderstrecken 1 - n mit
den Förderströmen $\xi_1, \ldots, \xi_n$. Eine Bewegliche Einheit darf
nur dann aus einer Förderstrecke abgezogen werden, wenn bei
keiner Förderstrecke mit höherer Priorität eine Bewegliche
Einheit zur Abfertigung ansteht.

Zusammenführungsweichen mit Inhaltspriorität lassen sich
mengenorientiert oder reihenfolgeorientiert steuern. Bei
der Mengenorientierung werden die Förderstreckenprioritäten
jeweils entsprechend dem größten "Inhalt" vergeben. Der Inhalt läßt sich dabei wie in Kap. 5.2.3.2.2 beschrieben definieren.

Bei dem reihenfolgeorientierten Transfer wird die Weiche so
gesteuert, daß im Gesamtstrom ξ_g eine bestimmte Folge der
Beweglichen Einheiten eingehalten wird. Die Förderstrecke,
bei der der geforderte Typ bereitsteht, wird als nächste
abgefertigt.

Die Weichen mit "einheitenabhängiger Abfertigung" werden
aufgrund von Eigenschaften der Beweglichen Einheiten gesteuert. Bei der prinzipiellen Einheitenpriorität werden
die Beweglichen Einheiten prioritätsmäßig klassifiziert, womit eine Vorfahrtsregelung geschaffen ist. Bei der Aufent-
haltspriorität lassen sich folgende zeitorientierte Eigenschaften der Beweglichen Einheiten heranziehen:

     o Wartezeit in der Förderstrecke vor der Weiche
     o Gesamte bisherige Wartezeit im Fördersystem
     o Aufenthaltsdauer im Fördersystem.

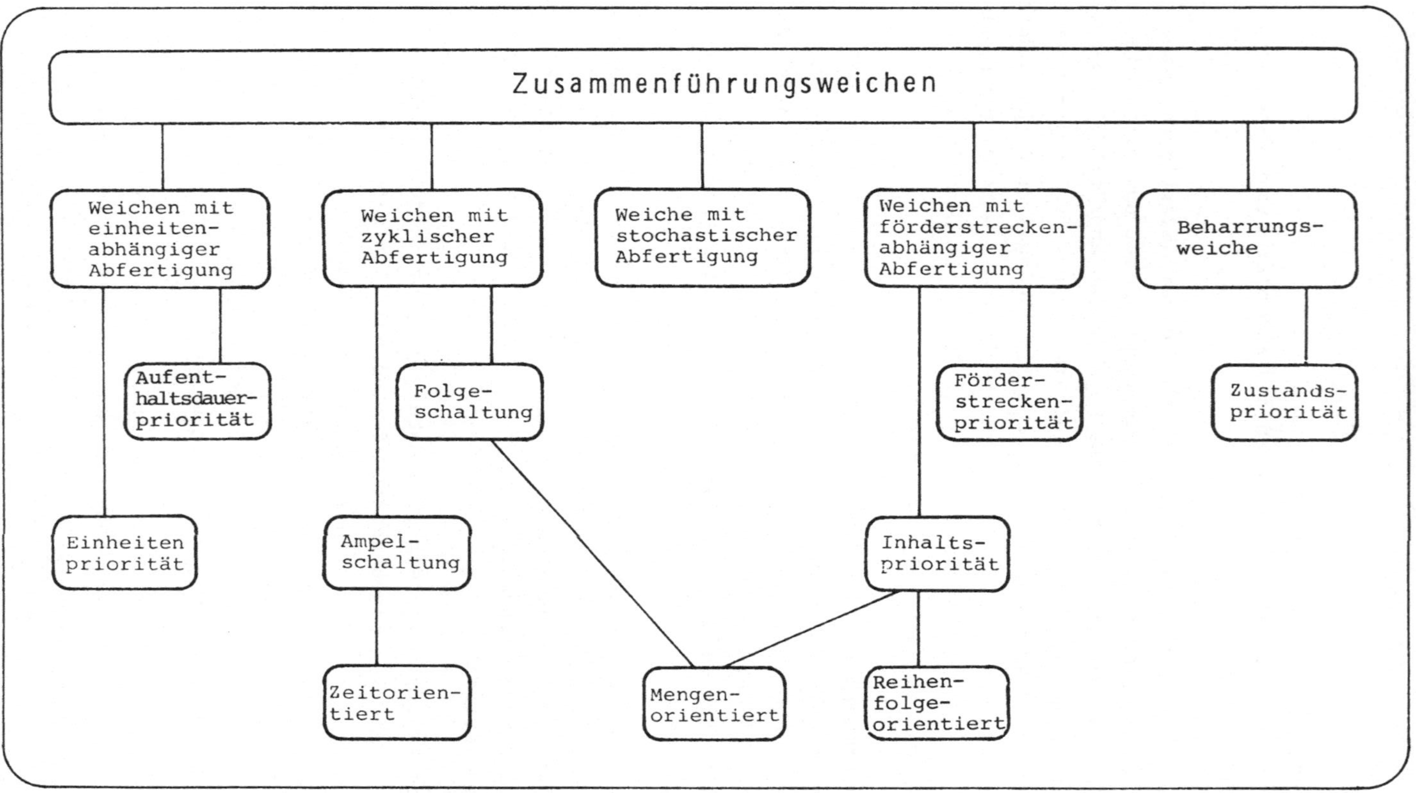

Bild 14: Klassifizierung der Zusammenführungsweichen

5.3   <u>Prozeßziele von automatisierten Förder-</u>
<u>systemen</u>

Das übergeordnete Ziel, das einem automatisierten Fördersystem gesetzt ist, besteht darin, die Fördereinheiten, die
an den System-Quellen anfallen, termingerecht zu den System-
Senken zu befördern. Diesem Hauptziel lassen sich die Zielkriterien der Sekundärebene unterlagern (Bild 15).

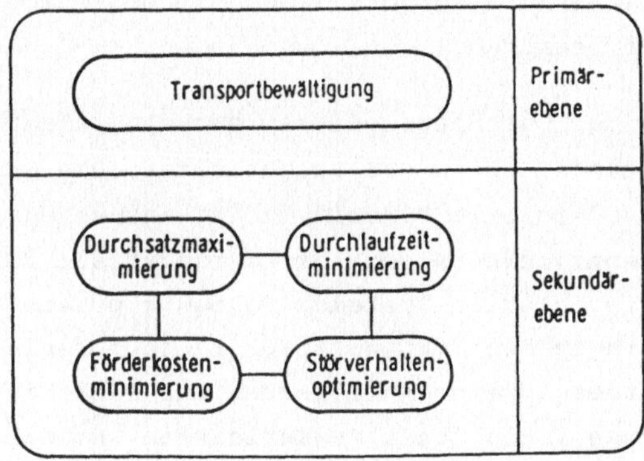

Bild 15: Ziele von automatisierten Fördersystemen

Zu der Sekundärebene zählen die Zielkriterien Durchsatzmaximierung, Durchlaufzeitminimierung, Störverhaltenoptimierung
und Förderkostenminimierung. Diese Zielsetzungen lassen sich,
je nach Anwendungsfall, unterschiedlich bewerten und damit
unterschiedlich hierarchisch gliedern.

Bei der Durchsatzmaximierung wird versucht, möglichst viele
Förderaufträge über das AFS oder über Teile des AFS laufen
zu lassen. Dabei kann in Kauf genommen werden, daß nicht
alle Fördereinheiten von dem AFS bewältigt werden. Die
nicht bewältigte Restmenge an Fördereinheiten ist dann von
einem redundanten System zu fördern. So ist z.B. das Förder-
aufkommen, das aus Kapazitätsmangel nicht über einen Senkrechtförderer eines automatisierten Fördersystems in ein
darunter- oder darüberliegendes Stockwerk gefördert werden kann,

mit Hilfe eines Lastenaufzuges ans Ziel zu bringen. Dieser parallele Weg ist jedoch mit einem Transparenzverlust, da kein Zwangsdurchlauf vorhanden ist, und mit zusätzlichen manuellen Operationen, wie Be- und Entladen des Aufzuges, verbunden. Sinnvoll kann eine solche Lösung sein, wenn Belastungsspitzen abzudecken sind.

Liegt der Umgehungsweg jedoch innerhalb des AFS, so läßt sich die Durchsatzmaximierung mit geringeren Förderkosten, mit geringerer Störanfälligkeit oder auch, falls Bearbeitungsstationen im AFS integriert sind, mit besserer Bearbeitungsqualität begründen.

Die Minimierung der Durchlaufzeit ist auf die Aufenthaltszeit der Fördereinheiten im AFS ausgerichtet. Die Gründe, die für das Ziel "minimale Durchlaufzeit" anzusehen sind, bestehen im wesentlichen in den Anforderungen der dem AFS vor- oder nachgeschalteten Systeme. So muß z.B. ein Fördersystem, das Montageplätze mit Halbfabrikaten aus einem zentralen Lager versorgt, eine Anlieferung der Teile innerhalb einer vorgegebenen Vorlaufzeit gewährleisten, um ein Stillstehen der Montage zu verhindern.

Die Möglichkeiten der Durchlaufzeitbeeinflussung läßt sich anhand der Komponenten der Aufenthaltszeit aufzeigen. Die Aufenthaltszeit t_A einer Fördereinheit in einen AFS ist wie folgt definiert:

$$t_A = t_W + t_{Stau} + t_{Fahr}.$$

Dabei fällt die Wartezeit t_W an, wenn die Fördereinheit auf ihre Weiterförderung warten muß, weil z. Zt. kein freier Fördereinheitenträger am Fördereinheitenaufenthaltsort zur Verfügung steht. Die Stauzeit t_{Stau} gibt die Blockierzeit an, die aufgrund von Rückstaus durch andere Fördereinheiten anfällt. Mit der Fahrzeit t_{Fahr} wird die effektive Fahrzeit bezeichnet.

Die Optimierung nur einer dieser drei Teilzeiten muß nicht

unbedingt auch zu einer Verbesserung der Aufenthaltszeit
führen, da unter den Zeiten t_W, t_{Stau} und t_{Fahr} Abhängigkeiten bestehen können. So führt z.B. das Ziel, die Fahr-
zeiten zu minimieren, zu der Entscheidung, daß kurze Wege
ausgewählt werden. Da die kurzen Wege jedoch überlastet
werden, entstehen Stauzeiten, die die Gesamtzeiten ansteigen lassen.

Eine Minimierung der Wartezeit erscheint dann sinnvoll,
wenn bei der Entsorgung von fertig bearbeiteten Aufträgen
an Bearbeitungsstationen nur begrenzte Auftragspuffer-
plätze zur Verfügung stehen. Eine zu lange Wartezeit der
Aufträge kann die Pufferplätze blockieren und damit einen
Stillstand der Bearbeitungsmaschinen bewirken. Mit Hilfe
einer geeigneten Einplanung der freien Fahrzeuge läßt sich
hier die Gefahr eines Produktionsstillstandes ausschalten
oder zumindest gering halten. Sinnvoll wäre hier sicherlich eine Zuweisungsstrategie, welche die Pufferbelegung
sowie die Anfahrwege der freien Fahrzeuge berücksichtigt.

Die Förderkostenminimierung versucht, die variablen Materialflußkosten /51/ so gering wie möglich zu halten. Eine solche
Zielsetzung ist dann sinnvoll, wenn das AFS mit angetriebenen
Fördereinheitenträgern arbeitet, bei denen längere Wege entsprechend höhere Energie-, Wartungs- und Instandhaltungs-
kosten bedingen. Die Förderkostenminimierung entspricht hier
im Grunde genommen einer Fahrzeitminimierung. Die Optimierung
erfolgt hier also fördereinheitenträgerbezogen. Dieses Ziel
kann aber dem Ziel der Durchlaufzeitminimierung entgegen-
stehen, da sich dieses nach den Fördereinheiten ausrichtet.
So schlägt z.B. die Stauzeit t_{Stau}, die zu einer Durchlaufzeiterhöhung führt, bei einer Förderkostenminimierung nicht
negativ zu Buche, wenn man davon ausgeht, daß im Stillstand
keine Energie verbraucht wird.

Das Zielkriterium "Störverhaltenoptimierung" ist darauf gerichtet, die Auswirkungen von Störungen zu minimieren. Eine Beeinflussung der Stördauer und der Störbehebung, wie z.B. in /52/, ist also nicht Gegenstand dieses Zielkriteriums. Zu berücksichtigen sind Störungen bei:

- o Anlagen,
- o Fördereinheitenträger,
- o Quellen und
- o Senken.

Führungsstrategien, die dieser Zielsetzung genügen, müssen dabei nicht unbedingt die Störung selbst erkennen, sondern sie können auch auf Störauswirkungen, wie z.B. Vollaufen eines Puffers, reagieren.

6   <u>Systematik zur Ermittlung einer möglichst</u>
           <u>optimalen Prozeßführungsstrategie</u>

Die hier vorgestellte Systematik zur Ermittlung einer optimalen Führungsstrategie für automatisierte Fördersysteme setzt
sich aus drei aufeinander aufbauenden Schritten zusammen:

Der erste Schritt umfaßt die Darstellung des Fördersystems
mit Hilfe eines Netzwerkes.

Im zweiten Arbeitsgang wird aus der Vielzahl von Führungsstrategien eine Vorauswahl sinnvoll erscheinender getroffen.

Schließlich werden diese ausgewählten Führungsstrategien
mit Hilfe eines Simulationssystems bewertet. Die Erkenntnisse, die mit dem Simulationsmodell gewonnen werden, dienen zur Festlegung der einzusetzenden Führungsstrategie.

6.1   <u>Umsetzung des Fördersystems in einen</u>
         <u>Modellgraph</u>

Zu Beginn jeglicher Planung müssen zunächst umfassende Informationen beschafft werden /53/. Die dabei anzuwendenden
Aufnahmetechniken sind hinreichend bekannt /54, 55, 56, 57,
58/ und sollen daher hier nicht näher erläutert werden.

Aufbauend auf den erfaßten Daten wird das Fördersystem als
Graph dargestellt. Nach /59/ ist ein Graph ein Netzwerk aus
"Knoten" und "verbindenden Kanten".

Diese Darstellungsform wird aus zwei Gründen gewählt:

1. Viele Probleme werden allein durch die Darstellung
   als Graph anschaulich:
   Man erkennt innere Zusammenhänge und erhält einen
   optisch-plastischen Eindruck von dem Problem.

2. Als Hilfsmittel bei der späteren Modellbildung
   erleichtert der Graph einen schnellen und
   fehlerfreien Modellaufbau.

Ein Fördersystem läßt sich als gerichteter und zusammen-
hängender Graph /59/ darstellen. Der Aufbau (Struktur) von
Fördersystemen verlangt, daß "offene Kanten" /59/ mit einzubeziehen sind /60/.

Um einen schnellen und übersichtlichen Aufbau des "Fördersystemgraphen" zu ermöglichen, werden die in Bild 16 darge-
stellten 4 Bausteine verwendet.

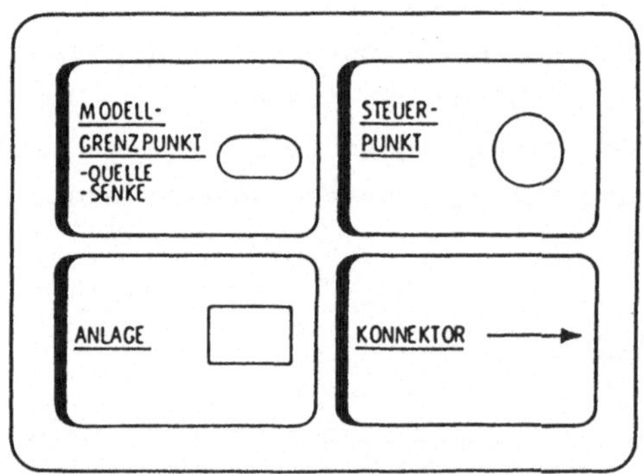

Bild 16: Bausteine zur Erstellung des Fördersystemgraphen.

Die Bausteine Modellgrenzpunkt, Steuerpunkt und Anlage lassen
sich als Netzwerkknoten anordnen. Der Konnektor ist als ver-
bindende Kante anzusehen. Er charakterisiert nur die Be-
wegungsrichtungen im Fördersystem.

Die Knotenbausteine besitzen folgende Kennzeichen:

o Anlagen

  Der Baustein Anlage umfaßt alle für die Funktionsbe-
  reiche Bearbeitung, Förderung und Lagerung zuständi-
  gen Betriebsanlagen. Anlagen sind zeitverbrauchende

Systemelemente, die im wesentlichen durch Kapazitäten, Takt- und Durchlaufzeiten gekennzeichnet
sind. In den Anlagen bewegen sich die Beweglichen
Einheiten während ihres Systemaufenthaltes. Die
Anlage entspricht damit unter Einbeziehung des Konnektors der Definition des Elements Förderstrecke
eines Fördersystems (vgl. Kap. 5.1.2.1).

o Modellgrenzpunkte (= Systemschnittstellen)

Zwei Arten von Modellgrenzpunkten sind zu unterscheiden: Quellen und Senken.
Die Quellen bilden den Eingang des Systems. Von
ihnen werden Fördereinheiten erzeugt und dem Modell
zugeführt.
Die Senken stellen die Systemausgänge dar. Sie entnehmen die Fördereinheiten aus dem System, verarbeiten die mitgeführten Daten und "vernichten" die Fördereinheiten.

o Steuerpunkte

Der Baustein Steuerpunkt beinhaltet sowohl Verteil-
als auch Zusammenführpunkte.
An Verteilpunkten werden Entscheidungen über den
nachfolgenden Förderverlauf getroffen. Sie sind charakterisiert durch einen Zugangskonnektor und 1 bis n
Abgangskonnektoren.
Zusammenführpunkte führen mehrere Förderstränge in
einen einzigen über, d.h. hier findet eine Auswahl
der ankommenden Beweglichen Einheiten statt.

Um den Graphen auch später bei der Modellbildung für die
Simulation direkt verwenden zu können, sind folgende zwei
Erstellungsrestriktionen zu beachten:

      o Numerierungsrestriktion
      o Anordnungsrestriktion.

Die Numerierungsrestriktion gibt die Grenze an, innerhalb

der die Identifizierungsbenummerung der einzelnen Knotenbausteine erfolgen darf. Diese Restriktion gewährleistet
damit die notwendige eindeutige Identifizierung der Bausteine.
Die Anordnungsrestriktionen geben Vorgaben über die Zuordnungsmöglichkeiten benachbarter Knotenbausteine. Bild 17
schlüsselt diese einzuhaltenden Vorgaben näher auf. Diese
Verknüpfungsrestriktionen dienen vor allem dazu, eine selbsttätige Modellierung des Simulationssystems zu ermöglichen
(vgl. dazu auch Kap. 7.3.1).

6.2 Ermittlung der modellmäßig zu über- prüfenden Führungsstrategien

Die Ermittlung der zu überprüfenden Führungsstrategien läßt
sich in zwei Schritten vollziehen: In einem ersten Schritt
werden für jeden Steuerpunkt die einsetzbaren Strategien
festgestellt. Der zweite Schritt besteht dann im Aufbau der
Führungsstrategien. Dabei umfaßt jede Führungsstrategie für
jeden Steuerpunkt jeweils eine Strategie.

Ergibt sich nach Durchführung dieser beiden Schritte eine
zu hohe Anzahl von Führungsstrategien und würde dadurch eine modellmäßige Beurteilung in Frage gestellt, so ist diese Anzahl in einem weiteren Schritt mit Hilfe einer Nutzwertanalyse auf eine vertretbare Zahl zu begrenzen.

6.2.1 Ermittlung möglicher Strategien

Um die Aufgabenstellung zu erleichtern, sind als erstes alle
Steuerpunkte des Fördergraphen (vgl. Kap. 6.1) zu klassifi-
zieren. Anhand dieser Klassifikation erfolgt dann in einem
weiteren Schritt die Zuordnung der Strategien zu den Steuerpunkten.

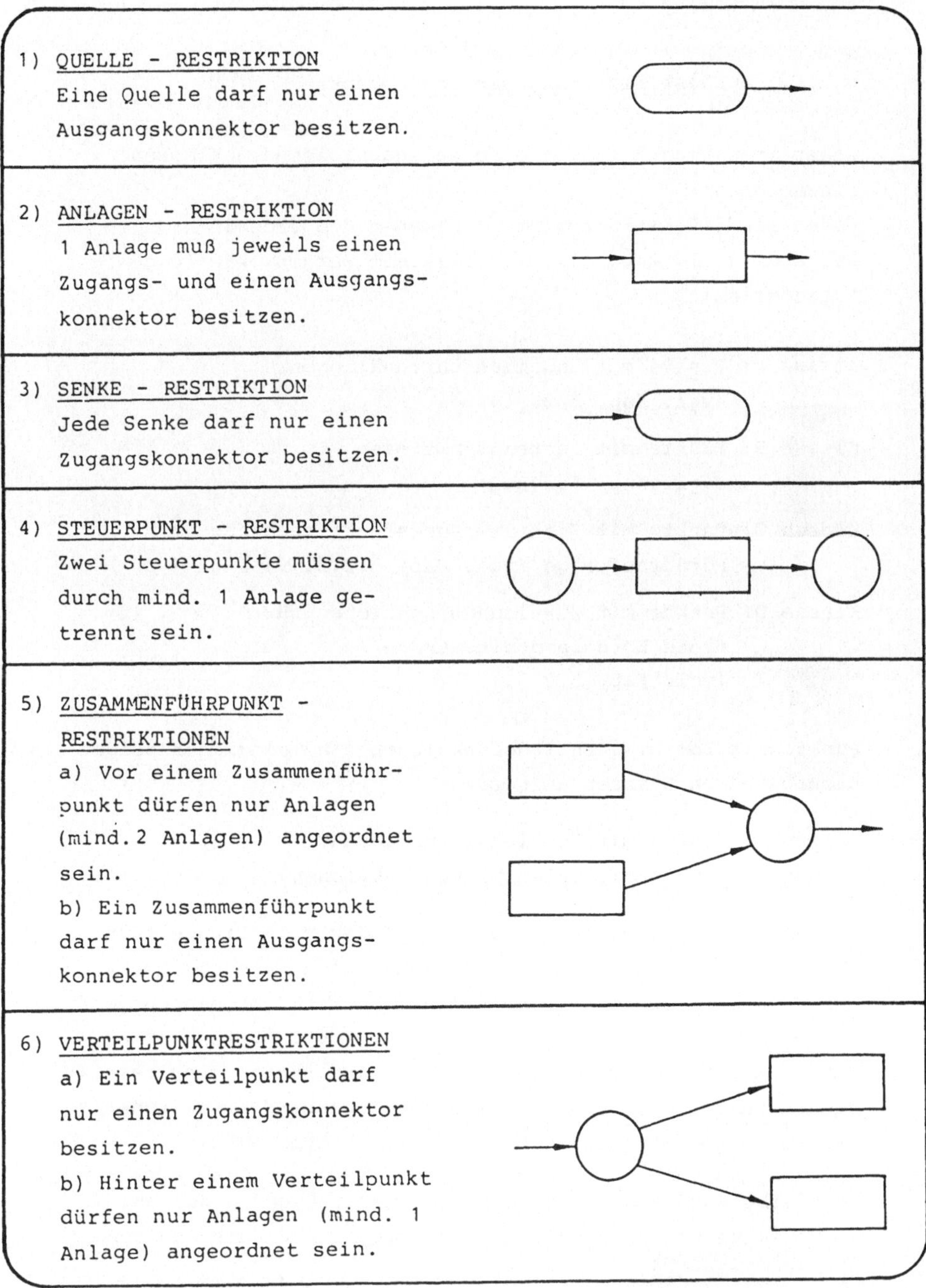

1) <u>QUELLE - RESTRIKTION</u>

   Eine Quelle darf nur einen
   Ausgangskonnektor besitzen.

2) <u>ANLAGEN - RESTRIKTION</u>

   1 Anlage muß jeweils einen
   Zugangs- und einen Ausgangskonnektor besitzen.

3) <u>SENKE - RESTRIKTION</u>

   Jede Senke darf nur einen
   Zugangskonnektor besitzen.

4) <u>STEUERPUNKT - RESTRIKTION</u>

   Zwei Steuerpunkte müssen
   durch mind. 1 Anlage ge-
   trennt sein.

5) <u>ZUSAMMENFÜHRPUNKT -
   RESTRIKTIONEN</u>

   a) Vor einem Zusammenführpunkt dürfen nur Anlagen
   (mind. 2 Anlagen) angeordnet
   sein.

   b) Ein Zusammenführpunkt
   darf nur einen Ausgangskonnektor besitzen.

6) <u>VERTEILPUNKTRESTRIKTIONEN</u>

   a) Ein Verteilpunkt darf
   nur einen Zugangskonnektor
   besitzen.

   b) Hinter einem Verteilpunkt
   dürfen nur Anlagen (mind. 1
   Anlage) angeordnet sein.

Bild 17: Restriktionen beim Aufbau des Fördersystemgraphen

6.2.1.1 <u>Klassifizierung der Steuerpunkte</u>

Jeder Steuerpunkt ist in eine der nachfolgenden Klassen
einzuordnen:
Dabei sind die Steuerpunkte, an denen die Prozeßführungsaufgaben (vgl. Kap. 5.2.3) realisiert werden, wie folgt
aufzuteilen:

Klasse A: Punkte mit Zusammenführfunktionen
          (vgl. Kap. 5.2.3.3)

Klasse B: Punkte mit Verteilfunktionen
          (vgl. Kap. 5.2.3.2)

Klasse C: Punkte mit Zielzuweisungsfunktionen für
          Förderaufträge (vgl. Kap. 5.2.3.1.1)

Klasse D: Punkte mit Zuweisungsfunktionen für
          freie Fördereinheitenträger
          (vgl. Kap. 5.2.3.1.2).

Punkte mit Be- bzw. Entladefunktionen sind einer der beiden
nachfolgenden Klassen zuzuordnen:

Klasse E: Punkte mit Kopplungsfunktionen
Klasse F: Punkte mit Entkopplungsfunktionen.

Die Punkte der Klassen E und F realisieren im Grunde ebenfalls Zusammenführ- bzw. Verteilfunktionen, wie die Punkte
der Klassen A und B. Sie unterscheiden sich von diesen jedoch dadurch, daß bei den Punkten mit Kopplungsfunktionen
immer zwei Bewegliche Einheiten für eine Abarbeitung bereit-
stehen müssen, während bei der Zusammenführ-/Verteilfunktion
nur über eine Bewegliche Einheit entschieden wird.

Es bleibt anzumerken, daß die Klassen D, E und F nur bei
Fördersystemen erforderlich sind, die mit Fördereinheitenträgern arbeiten.

Anhand eines einfachen Beispiels soll die Vorgehensweise

obiger Klassifikation deutlich gemacht werden: Bild 18
stellt den Fördersystemgraphen [1] eines Lagervorhof-Fördersystems dar, welches aus Tragkettenförderern und induktiv
geführten Fahrzeugen besteht. Die Aufgabe des Fördersystems
besteht darin, Lagereinheiten von den Rampen 1 und 2 zu den
Regalbediengeräten in den Gassen 1 bis 3 zu fördern.

Der Ablauf im Fördersystem soll im folgenden näher beschrieben werden: An den Rampen 1 und 2 werden mittels Gabelstapler die Lagereinheiten (Typ 1 und Typ 2) auf Tragkettenförderer (Baustein Nr. 16 und 12) gesetzt. Am Ende dieser Tragkettenförderer (Baustein Nr. 801 und 803) werden die Lagereinheiten von induktiv geführten Fahrzeugen automatisch
übernommen und zum Lagerzuweisungspunkt 506 gefördert. Dort
wird das Lagerfach (und damit die Lagergasse) der Lagereinheit zugewiesen. Vor dieser Lagergasse wird die Lagereinheit einem Tragkettenförderer übergeben, der als Puffer-
strecke zum Regalbediengerät anzusehen ist. Nach dem Abla-
den fährt das Fahrzeug zum Einsatzpunkt 504 für Leerfahr-
zeuge. Von dort erfolgt bei Bedarf die Zuweisung der Leer-
fahrzeuge zu den Beladepunkten 801 und 803.

Die Klassifikation der Steuerpunkte führt bei diesem Beispiel
zu folgendem Ergebnis:

        Klasse A: 802, 804   1)
        Klasse B: 505, 506
        Klasse C: 507
        Klasse D: 504

---

[1] Bei der Adressierung der Bausteine sind folgende
    Bereichsabgrenzungen berücksichtigt:

    Anlagen   1 - 299
    Quellen   300 - 399
    Senken   400 - 499
    Verteilpunkte   500 - 799
    Zusammenführpunkte   800 - 999

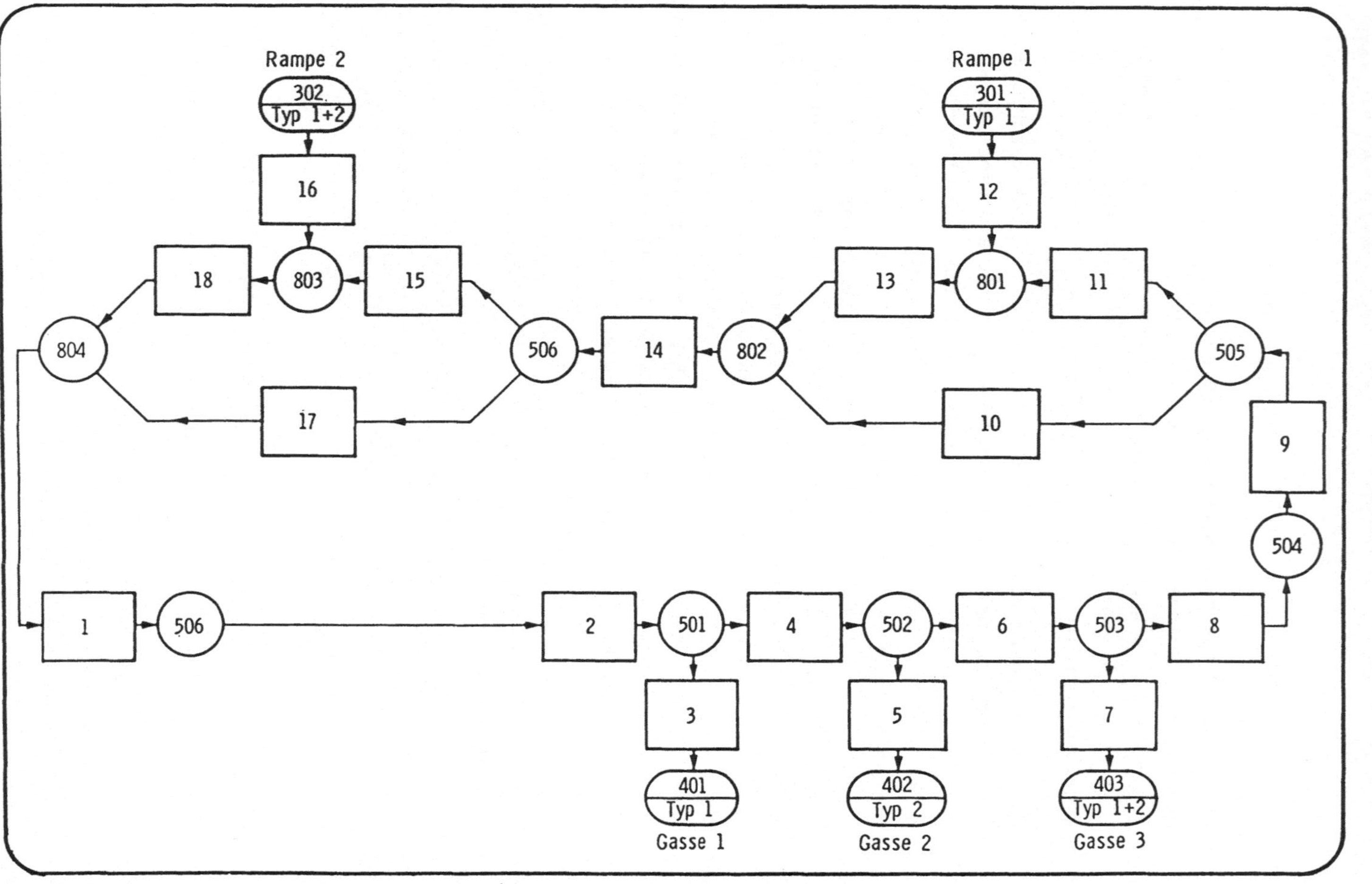

Bild 18. Fördersystemgraph eines einfachen Lagervorhof-Fördersystems

        Klasse E: 801, 803
        Klasse F: 501, 502, 503.

6.2.1.2 Zuordnung Strategie-Steuerpunkt

Nach der Durchführung der Klassifikation sind in einem zweiten Schritt den Klassen funktionsbezogene Strategien, siehe
dazu Kapitel 5.2.3 ff, zuzuordnen. Dabei sind alle Strategien auszuschließen, die für das zu betrachtende AFS nicht
realisierbar sind oder aus offensichtlichen Gründen aus-
scheiden. So ist es sicherlich nicht sinnvoll, die Zielvor-
gabe für Fördereinheiten nach Entfernungskriterien vorzunehmen, wenn zu allen möglichen Zielorten die gleichen Weg-
längen bestehen.
Die Zuordnung der Strategien läßt sich durch die Einbeziehung der variablen Attribute der Elemente

        o Fördereinheit

        o Fördereinheitenträger und

        o Förderstrecke

unterstützen.

Die wichtigsten Attribute dieser Elemente, die bei der Steuerung automatisierter Fördersysteme herangezogen werden können,
sind in Bild 19 dargestellt.

Das Attribut Inhalt ist dabei entsprechend Kap. 5.2.3.2.2
definiert. Unter Standort ist der momentane Aufenthaltsort im
Förderstreckennetz zu verstehen. Als prozeßdynamisches Attri-
but ist "Standort" nur bei den Elementen Fördereinheit und
Fördereinheitenträger relevant, da diese an verschiedenen
Standorten im Fördernetz angetroffen werden können.

Das ortsfeste Element Förderstrecke braucht von der Prozeß-
steuerung hinsichtlich "Standort" nicht abgefragt zu werden,
da dieses Merkmal permanent vorhanden und in die Steuerungslogik einzuschließen ist.

Attribut \ Element	Fördereinheit	Fördereinhei-tenträger	Förderstrecke
Inhalt		X	X
Standort	X	X	
Einsatzstatus		X	X
Eigenschaften	X	X	X

Bild 19: Zuordnung der wichtigsten prozeß-
dynamischen Attribute

Der Einsatzstatus trifft Aussagen über die momentane Ver-
fügbarkeit eines Elements. Ein Element mit dem Fassungs-
vermögen 1 kann dabei die drei Grundzustände

     o frei   (Füllungsgrad = 0)
     o verplant (Füllungsgrad = 0)
     o beladen (Füllungsgrad $\neq$ 0)

besitzen.

Fördereinheiteneigenschaften, die sich für Steuerentscheidungen heranziehen lassen, können sein:

     o Zielort
     o Bearbeitungsstand
     o Produkttyp
     o Priorität (z.B. Eilauftrag).

Bei Fördereinheitenträgern kommt vor allem der Eigenschaft
geometrische Abmessung und damit der Aussage über Aufnahme-
möglichkeiten von Fördereinheiten große Bedeutung zu.

Ebenso kann der Zielort als Eigenschaft relevant werden.

Eine allgemeingültige Aussage über die Einbeziehung jeweils notwendiger Attribute läßt sich nicht treffen. Vielmehr ist für jedes Fördersystem und für jeden Entscheidungspunkt eine problemspezifische Betrachtung vorzunehmen, um so die relevanten Strategien zu charakterisieren. Für das Demonstrationsbeispiel im Bild 18 werden die einsetzbaren Strategien im Rahmen der Simulationsmodellerstellung (vgl. Kap. 7.2.1) noch näher beleuchtet.

6.2.2 Zusammenstellen der Führungsstrategien

Anhand der im vorigen Kapitel ermittelten relevanten Strategien sind die möglichen Prozeßführungsstrategien zusammenzustellen. Dabei sind theoretisch Ka Führungsstrategien denkbar. Die Anzahl Ka berechnet sich dabei als Produkt der einzelnen Klassenkombinationsmöglichkeiten k_i. Unter der Annahme, daß alle Klassen vertreten sind, gilt:

$$Ka = k_A * k_B * \ldots * k_F.$$

Der Kombinationsfaktor k_i einer Steuerpunkt-Klasse i (i = A ... F) setzt sich dabei wie folgt zusammen:

$$k_i = n_i^{(m_i)},$$

wobei n_i die Anzahl der Strategien und m_i die Anzahl der Steuerpunkte der Klasse i angibt.

Angewendet auf das einfache Beispiel in Bild 18 würden sich theoretisch 32 Führungsstrategien ergeben (vgl. dazu 7.2.1). Diese theoretische Anzahl läßt sich durch folgende Maßnahmen reduzieren:

o Zusammenfassen von Punkten einer Klasse zu einem
  Wirkungspunkt

o Ausschließen der Führungsstrategien, die unver-
  trägliche Strategien enthalten

o Ausschließen der Führungsstrategien, bei denen
  eine Unverträglichkeit zwischen Strategie und
  Steuerpunkt besteht.

Angewendet auf das betrachtete Beispiel ergibt sich durch
eine Zusammenfassung von gleich zu behandelnden Steuerpunkten eine Kombinationsanzahl von acht. Diese Anzahl
läßt sich mit Hilfe eines Modells sinnvoll überprüfen und
beurteilen. Bei komplexen AFS führen jedoch auch die oben
angewandten Methoden noch nicht zu einer ausreichenden Ein-
schränkung. Hier ist es zweckmäßig, nun ein Verfahren anzu-
wenden, welches eine weitere Verminderung der Vielfalt der
Führungsstrategien ermöglicht.

6.2.3   <u>Begrenzung der Anzahl Führungsstrategien</u>
         <u>mittels Nutzwertanalyse</u>

Der weitere Vorgang zur Begrenzung der Anzahl von Führungs-
strategien kann mit einem Prozeß verglichen werden, in dessen
Verlauf die Lösungen zu finden sind, die eine gewisse Anzahl
Prämissen möglichst weitgehend erfüllen /61/.

In komplexen Systemen sind solche Entscheidungen nicht mehr
ohne Hilfsmittel zu treffen /62/. Man benötigt eine Entscheidungstechnik, die den Entscheidungsprozeß programmierbar
macht.

Treten eine Vielzahl von entscheidungsrelevanten Zielkriterien, wie in komplexen Fördersystemen, auf, so bietet sich
als Hilfsmittel der Entscheidung die Anwendung der Nutzwertanalyse an /63, 64/. Die Aufgabe der Nutzwertanalyse besteht
darin, Ziele zu formulieren und gefundene Alternativen unter
Berücksichtigung der für das Problem relevanten Ziele zu ord-
nen, so daß die Präferenz der Entscheidenden zum Ausdruck

kommt /65/.

Die in obiger Definition beschriebene Vorgehensweise soll
in die Systematik dieser Arbeit integriert werden, wobei
auf die Probleme aus dieser Arbeit besonders eingegangen
wird.

6.2.3.1   <u>Ermittlung und Gewichtung der Prozeßziele</u>

Der erste Schritt der eigentlichen Nutzwertanalyse besteht
in der Festlegung der relevanten Ziele. Die Formulierung
dieser Ziele kann dabei anhand der in Kapitel 5.3 durchgeführten Zielbetrachtung erfolgen.

Um den unterschiedlichen Wichtigkeiten der Zielkriterien
gerecht zu werden, ist diesen verschiedene Bedeutung zuzu-
messen. Dem wird durch die Gewichtung entsprochen. Damit
läßt sich eine Präferenzordnung der Kriterien angeben.

Die Gewichtung ist mittels einer Gewichtungsmatrix durchzuführen. Durch paarweisen Vergleich der einzelnen Kriterien und der Summierung der vergebenen Kriterienpunkte
ergibt sich die prozentuale Gewichtung je Zielkriterium.
Aus Bild 20 wird anhand eines Beispiels die genaue Vorgehensweise bei der Durchführung der Gewichtung ersichtlich.

Beim paarweisen Vergleich sind dabei die Gewichte wie folgt
zu vergeben (A = Bezugskriterium):

$$A > B \rightarrow 1$$
$$A = B \rightarrow 0,5$$
$$A < B \rightarrow 0.$$

Kriterien		A	B	C	D	E	F	G	Punkt-Ge-wich-tung	% Ge-wich-tung	Rang
Flächenbedarf	A		1	1	0,5	1	1	1	5,5	25	1
Erweiterungs-möglichkeit	B	0		0	0	0,5	1	0,5	2	9,1	5
Flexibilität	C	0	1		0	1	0,5	0	2,5	11,3	4
Personalbedarf	D	0,5	1	1		0	1	1	4,5	20,4	2
Automatisierungs-möglichkeiten	E	0	0,5	0	1		1	1	3,5	16	3
Übersichtlichkeit	F	0	1	0,5	0	0		0,5	2	9,1	6
"fifo"	G	0	0,5	1	0	0	0,5		2	9,1	7
									22	100	

Bild 20: Beispiel einer Gewichtungsmatrix /53/

6.2.3.2 Bewertung der Alternativen

Eine Bewertung ist für jede der gefundenen Führungsstrategien (vgl. Kap. 6.2.2 und 6.2.3) durchzuführen. Dazu werden diese hinsichtlich ihrer Erfüllung der geforderten Kriterien (vgl. 6.2.3.1) beurteilt.

Um diesen Vorgang einfach und überschaubar zu gestalten, läßt sich die Bewertung mit Hilfe der Bewertungsmatrix in Bild 21 durchführen.

Im einzelnen sind bei der Bewertung folgende Schritte einzuhalten:

- Benotung der Alternativen mit Hilfe eines Punktespektrums (z.B. 1, 2 oder 3)

- Wertung durch Multiplikation der erreichten Punkte

mit der prozentualen Gewichtung[1]

- Bildung der Spaltensummen; Berechnung der
  prozentualen Wertungssummen.

Die prozentualen Wertungssummen (= "% von maximaler
Wertung" in Bild 21) geben den Grad der Kriteriener-
füllung der einzelnen Alternativen an.
Der Bezug dieser Prozentzahl basiert dabei auf der maximal
möglichen Wertung. Dieser maximale Wert beträgt bei der
hier zugrundegelegten Punkteverteilung 3oo[2].

Führungs- strategien Kriterien / Gew.		I		II		......>	Punkte:
		Punkte	Wertung	Punkte	Wertung		3 = Gut gelöst
A							2 = Zufriedenstellend gelöst
B							1 = Schlecht gelöst
C							
D							
⋮							Wertung = Punkte x Gew.
Summe							
% von max. Wertung							Gew. = Gewichtung

Bild 21: Bewertungsmatrix zur Strategieauswahl

---

1) Die erforderlichen Kriteriengewichte sind entsprechend
   Kapitel 6.2.3.1 zu ermitteln.

2) $3 \times (g_A + \cdots + g_n)$ = max. Wertung; mit $(g_A + \cdots + g_n)$
   = 1oo% → max. Wertung = 3oo; g_i = Gewichtung des
   Zielkriteriums i

Anhand der "subjektiv" bewerteten Alternativen lassen sich
nun die erfolgversprechendsten Führungsstrategien auswählen.
Diese sind den im nachfolgenden beschriebenen Modelltests
zu unterwerfen.

6.3   Modellmäßige Strategiebeurteilung
        mit Hilfe der Simulation

Die modellmäßige Strategiebeurteilung erfolgt unter Anwendung der Simulationstechnik. Neben den vielfach positiven Erfahrungen, die die Leistungsfähigkeit von Simulationsmodellen bei Materialflußsystemen /21,24,31,66,67,68/
bestätigen, sprechen vor allem zwei Gründe für die Anwendung
dieser Technik im Rahmen der Problematik der vorliegenden
Arbeit:

Zum einen erfolgt der Einsatz von Simulationsmodellen aufgrund ihrer Eignung für die Abbildung komplexer Zusammenhänge, wie es auch in /69/ zum Ausdruck kommt:
Es ist "unbestritten, daß Computersimulationsmodelle her-
kömmliche Modelle um ein Vielfaches an Komplexität über-
treffen können". Der zweite Grund ist in der Notwendigkeit
einer gesamtheitlichen Systembetrachtung und -bewertung
begründet. Nach /7o/ "erzwingt" das Erfordernis eines
"Gesamtoptimums den Einsatz der Simulation".

Die Betrachtung des prinzipiellen Ablaufes bei der Anwendung der Simulationstechnik (Bild 22) zeigt, daß jeweils die beiden simulationsspezifischen Arbeitsschritte
"Modellierung" und "Durchführung von Simulationsläufen" be-
rührt werden.

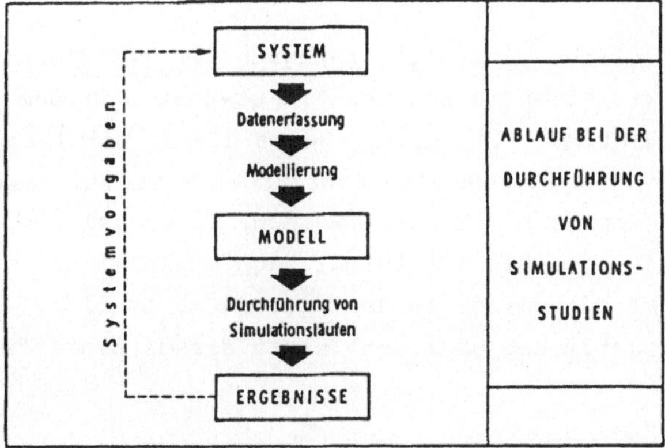

Bild 22: Vorgehensweise bei der Durchführung von
Simulationsexperimenten

Um die Durchführung dieser Arbeitsschritte bei der
Überprüfung von Prozeßführungsstrategien zu ermöglichen,
ist das Simulationssystem "SIMULAP"[1] unter Berücksichtigung der in Kapitel 4.2 beschriebenen Anforderungen entwickelt worden.

Dieser neue Simulator soll an dieser Stelle nicht näher
erläutert werden, da in den Kapiteln 7 ff ein ausführ-
licher Überblick über "SIMULAP" gegeben wird.

Aufgrund der mit dem obigen Simulator durchgeführten Simulationsläufe ist diejenige Führungsstrategie festzulegen
und ins Pflichtenheft aufzunehmen, die den geforderten Pro-
zeßzielen (vgl. Kap. 6.2.3.1) am ehesten entspricht.

---

1) Simulator für Materialfluß- und Lagerprozesse

7   Beschreibung des Simulationssystems "SIMULAP"

Die Überprüfung möglicher Führungsstrategien mit Hilfe eines
Modells erfolgt, wie schon in Kapitel 6.3 erwähnt, mit dem
neuen Simulator "SIMULAP". In welcher Weise dieser Simulator
die in Kapitel 4.2 beschriebenen Anforderungen erfüllt, soll in
den nachfolgenden Kapiteln erläutert werden. Vorab ist es
jedoch erforderlich, den Begriff "Simulation", wie er in
dieser Arbeit verstanden wird, zu definieren, da es bis
heute keine Übereinstimmung über den Inhalt dieses Begriffes
gibt /71/.

Es soll folgende Definition von Schwarze /72/ gelten:

  "Die Simulation ist eine Problemlösungsmethode, bei
   der einem existierenden oder hypothetischen System
   (simuliertes System), das bestimmte Bedingungen erfüllen soll (Simulationsziel), ein leicht manipulier-
   bares Modell (simulierendes System, Simulationsmodell)
   und dem Simulationsziel ein entsprechendes Ziel be-
   züglich des Simulationsmodells (Simulationsmodellziel)
   zugeordnet wird und durch wiederholte zielgerechte
   Experimente (Simulationsexperimente) unter Ausnutzung
   der jeweils während des Experimentierens erhaltenen
   Informationen das Simulationsmodell so manipuliert
   wird, daß das Simulationsziel erreicht wird"

Entsprechend dem Charakter von Fördersystemen soll der Simu-
lationsbegriff für diese Arbeit noch insofern eingeschränkt
werden, als er hier nur für dynamische, diskrete Modelle
gelten soll.

7.1   Klassifizierung des Simulationssystems

Um die Wirkungsweise von "SIMULAP" deutlich zu machen,
soll eine Einordnung dieses Systems in das Umfeld der
Simulatoren im folgenden vorgenommen werden.

Schmidt /35/ klassifiziert die Simulatoren nach den Funktionsbereichen der Sprachelemente in

    o niedere Simulatoren

    o höhere Simulatoren

    o systemorientierte Simulatoren

    o parametrisierte Simulatoren.

Die niederen Simulatoren (z.B. SIMULA /73/, GASP /74/, SIMSCRIPT /75/) stellen dem Anwender Programme zur Ereignissteuerung, zur Erzeugung von Zufallszahlen und Berechnung und Ausgabe von statistischen Ergebnissen zur Verfügung.

Die höheren Simulatoren (z.B. GPSS /76/) beinhalten zusätzlich zu den Routinen der niederen Simulatoren "particular system elements" und "system functions" /35/.

Die systemorientierten Simulatoren sind anwendungsorientiert. Sie besitzen jeweils problembezogene Bausteine und sind deshalb jeweils nur für eine geringe Anwendungsbreite ausgelegt. Die meisten Simulatoren aus dem Bereich der Materialflußsysteme sind dieser Klasse zuzurechnen, so z.B. /31/ und /21/.

Bei parametrisierten Simulatoren wird die Struktur des zu simulierenden Modells nur über Eingabedaten erzeugt. Die Aufgabe des Benutzers besteht darin, "to specify the input data" /35/. Damit ist festgelegt, welche Systemelemente mit welchen Funktionen im Modell enthalten sind und in welcher Beziehung diese Elemente zueinander stehen. So ist es möglich, daß der Benutzer mit dem Simulator arbeiten kann, ohne daß er die Simulationsprogramme kennen muß.

Es ist einzusehen, daß ein Simulator, der den Anforderungen (vgl. Kap. 4.2) hinsichtlich

    - schnelle Modellierung und

    - Anwendung durch "EDV-Laien"

entspricht, dieser Klasse entstammen muß.

Die bekannten Vertreter dieser Klasse,"SIRE", "GENTLE",
"SIMQUEUE" und "SIM-LAB", sind nicht oder noch nicht in der
Lage, die für die Steuerung von Materialflußsystemen er-
forderlichen Strategien abzubilden.

So wird bei SIRE ein vollständiges Anwendungsprogramm mit
Hilfe eines Generators erstellt. Dieser Generator ist
ein "Programm, das Programme oder Folgen von Anweisungen
erzeugt" /36/. Das System SIRE bildet mit Hilfe der
Simulation Wartesysteme von Produktions- und Leistungs-
prozessen ab und simuliert den Durchfluß der Aufträge.
Erprobt wurde dieses System schon in der Fertigungs-
industrie.

Ebenfalls als ein Hilfsmittel zu selbständiger Simulationsmodellerstellung ist "GENTLE" /77/ anzusehen. GENTLE
ist in der Lage, ein GPSS-Modell von Fließfertigungen mit
"Ein-Produkt-Programm" zu erstellen. D.h., der Anwender
braucht nur die GENTLE-Restriktionen zu beherrschen. Ein
Erlernen der Simulationssprache GPSS erübrigt sich. Ein
weiterer Vorzug von GENTLE liegt in der anwendergerechten
Aufbereitung der Ergebnisdaten.

Die Simulatoren "SIM-QUEUE" /78/ und "SIM-LAB" /79/ sind
jeweils nur innerhalb eines beschränkten Gebietes anwendbar. So eignet sich das auf FORTRAN basierende SIM-QUEUE
für die Untersuchung von komplexen Warteschlangen. Die hier
vorhandenen Strategien lassen sich jedoch nur für die
Abarbeitung von Warteschlangen einsetzen.
"SIM-LAB" ist für die Untersuchung von medizinischen
Labors ausgelegt und entspricht damit nicht den Anforderungen eines Fördersystems.

Die oben beschriebenen Gegebenheiten führten zur Entwicklung von "SIMULAP". Die Handhabung und der Aufbau dieses
Simulators wird im folgenden näher beschrieben.

7.2 Handhabung des Simulationssystems

Die Modellierung und die Durchführung von Simulationsläufen wird bei dem Simulator "SIMULAP" allein über Parameter gesteuert. Diese Parameter sind jeweils zu Daten-
sätzen zusammengefaßt (Bild 23).

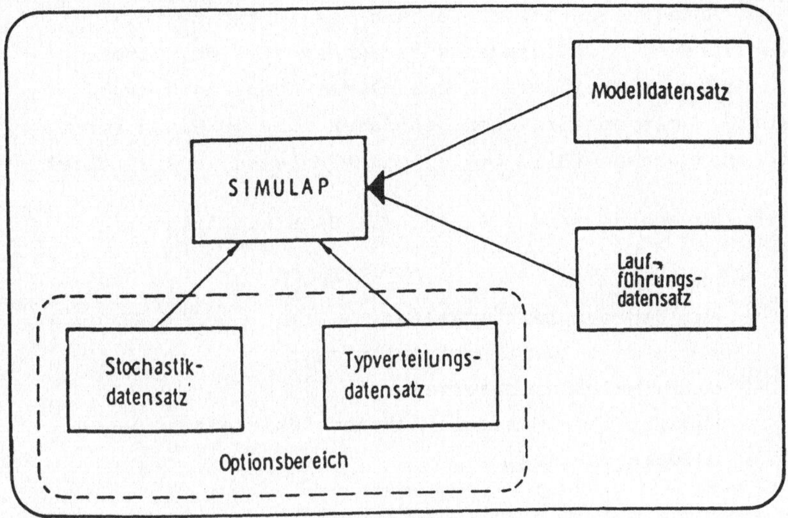

Bild 23.: Datensätze des Simulators "SIMULAP"

Um einen Simulationslauf durchführen zu können, sind der
"Modelldatensatz" und der "Laufführungsdatensatz"
obligatorisch. Der Modelldatensatz enthält die Beschreibung des Modells. Durch den Laufführungsdatensatz
wird der Ablauf bei der Durchführung der Simulationsläufe
beeinflußt. Die Datensätze des Optionsbereiches, der
"Stochastikdatensatz" sowie der "Typverteilungsdatensatz",
sind als Erweiterungsmöglichkeiten des Modelldatensatzes
anzusehen. Sie sind sowohl einzeln als auch gemeinsam zu-
schaltbar. Erforderlich wird der Stochastikdatensatz bei
jedem Modell, in dem stochastische Verteilungen auftreten.
Der Typverteilungsdatensatz ist hinzuzuziehen, wenn eine
Quelle unterschiedliche Fördereinheiten zu generieren hat.

7.2.1   <u>Modellerstellung</u>

Die Modellerstellung erfolgt selbsttätig durch den Simulator aufgrund des Modelldatensatzes. Damit reduziert sich das Problem der Modellierung für den Anwender auf die Erstellung des Modelldatensatzes.

Dieser Modelldatensatz ist anhand des in Kapitel 6.1 beschriebenen Modellgraphens zusammenzustellen. Dabei wird jeder Baustein, mit Ausnahme des Konnektors (vgl. Bild 16), mit spezifischen Kenndaten, die in einen vorgegebenen Rahmen (Bild 24) einzupassen sind, ausgestattet.

Solche Kenndaten sind z.B. für den Baustein Anlage:

- Name
- Angaben zum Zeitverhalten
  - o minimale Zwischeneintrittszeit
  - o minimale Durchlaufzeit
- Kapazität (= maximale Aufnahmefähigkeit an Fördereinheiten)

Die Struktur des zu modellierenden Systems wird mit Hilfe von Vorgänger-/Nachfolgerbeziehungen der jeweiligen relevanten Bausteine beschrieben. Diese Beziehungen, in Bild 24 jeweils als Vorgänger bzw. als Nachfolger bezeichnet, sind dem Modellgraphen zu entnehmen. Sie geben dabei die direkt benachbarten Bausteine unter Vernachlässigung der Konnektoren an.

Die modellmäßige Realisierung der einzelnen Strategien einer Führungsstrategie erfolgt mit Hilfe der Steuerpunkte. Dabei werden den einzelnen Steuerpunkten passende Algorithmen zugeordnet, indem die betreffende Steuerpunktzeile im Modelldatensatz mit den Algorithmendaten versehen wird. Der Vorteil dieser Vorgehensweise besteht darin, einfach und schnell Änderungen hinsichtlich der einzusetzenden Strategien vornehmen zu können, da jeweils nur die betreffende Steuerpunktdatenzeile im Modelldatensatz auszuwechseln ist. Eine Änderung des Modellgraphens (vgl. 6.1)

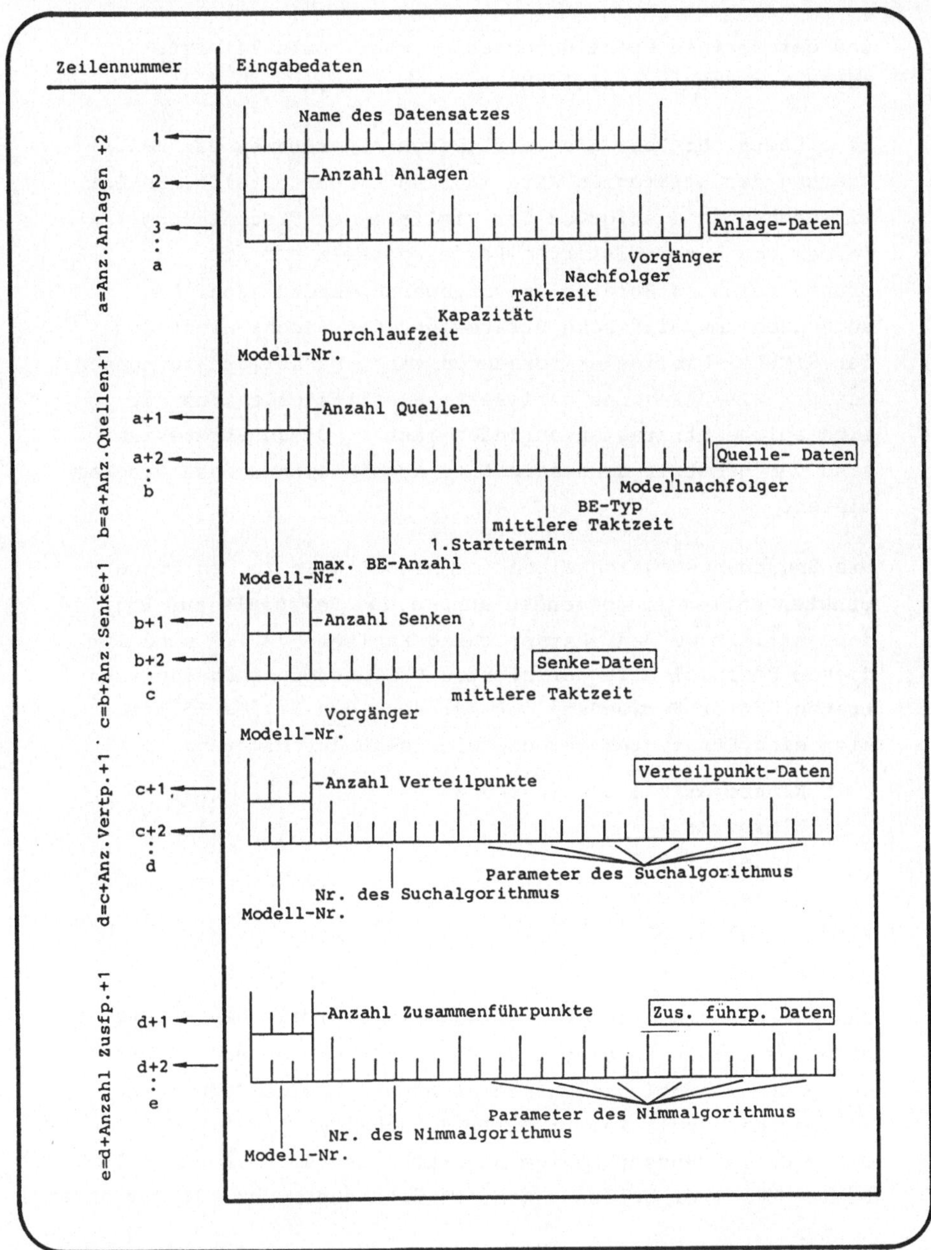

Bild 24: Aufbau des Modelldatensatzes

und der übrigen Modelldatenzeilen (vgl. Bild 24) ist
dagegen nicht erforderlich.

Eine Übersicht über die verfügbaren Algorithmen zur Realisierung der Strategien wird in Bild 25 dargestellt. Es ist
einzusehen, daß aufgrund der Vielfalt der Erscheinungsformen von automatisierten Fördersystemen nur ein
Grundbereich an Strategien vorgegeben werden kann. Um
auch problemspezifische Strategien, die (noch) nicht in
der SIMULAP-Bibliothek vorhanden sind, nachbilden zu können,
besitzt SIMULAP genau definierte Schnittstellen, an die
sich solche Strategien anbinden lassen. Diese Strategien
sind vom Benutzer dann selbst zu konzipieren und zu programmieren.

Die Zuordnungsmöglichkeiten der Algorithmen zu den Steuerpunkten sollen im folgenden anhand des Beispiels aus Bild 18
demonstriert werden. Entsprechend Kapitel 6.2.1.1 sind in
diesem Beispiel alle definierten 6 Steuerpunktklassen vertreten. Unter Verwendung der Adressen des Bildes 25 ließe
sich eine Strategiezuordnung wie folgt durchführen:

    Klasse A: Z1, Z2, Z3 und Z4 [1]

    Klasse B: V4

    Klasse C: V13

    Klasse D: V15 und V17

    Klasse E: Z1o

    Klasse F: V7

Für die Klassen A und F sind dabei alle möglichen Strategien des Bildes 25 eingeschlossen. Für die anderen Klassen
wurde unter problemspezifischen Aspekten eine Reduzierung
vorgenommen (vgl. Kap. 6.2.2). So scheidet z.B. in der Klasse
D der entfernungsabhängige Algorithmus V16 aus, weil alle
freien Fördereinheitenträger nur über den Punkt 504 disponiert
werden.

---

1) Die Beschreibung der Klassen A - F ist Kap. 6.2.1.1
   zu entnehmen.

	Adresse des Algorithmus

Zusammenführpunkte

<u>Zusammenführalgorithmen</u> (Klasse A)

Abarbeitung nach Anlagenpriorität ....Z 1

Wartezeitabhängige Abarbeitung ....Z 2

Inhaltsbezogene Abarbeitung ....Z 3

Getaktete Abarbeitung ....Z 4

<u>Koppelungsalgorithmen</u> (Klasse E)

Zusammenbau von Teilen ....Z 6

Beladen von Fördereinheitenträger ....Z 10

Verteilpunkte

<u>Verteilalgorithmen</u> (Klasse B)

Prozentuale Aufteilung ....V 1

Aufteilung nach Anlagenpriorität ....V 2

Getaktete Aufteilung ....V 3

Typbezogene Aufteilung ....V 4

Inhaltsbezogene Aufteilung ....V 5

Entfernungsabhängige Aufteilung ....V 6

<u>Zielzuweisungsalgorithmen für Förderaufträge</u> (Klasse C)

Getaktete Zielzuweisung ....V 13

Inhaltsbezogene Zielzuweisung ....V 14

<u>Zielzuweisungsalgorithmen für Fördereinheiten-</u> (Klasse D)
<u>träger</u>

Wartezeitabhängige Zuweisung ....V 15

Entfernungsabhängige Zuweisung ....V 16

Inhaltsabhängige Zuweisung ....V 17

<u>Entkopplungsalgorithmus</u> (Klasse F)

Entladen von Fördereinheiten ....V 7

Bild 25: Einsetzbare Steueralgorithmen zur Realisation
der Strategien an den Steuerpunkten

7.2.2 Durchführung von Simulationsläufen

Die Durchführung der Simulationsläufe wird über den Laufführungsdatensatz (LFD) gesteuert. Der formale Aufbau dieses Datensatzes sowie die zuweisbaren Steuerparameter sind
aus Bild 26 ersichtlich.

Der Zeitparameter "Simulationsdauer" ist bei jedem Lauf zu
besetzen. Die übrigen Parameter können nach Bedarf gesetzt
werden. Im folgenden sollen die Möglichkeiten beschrieben
werden, die diese frei setzbaren Parameter eröffnen.

7.2.2.1 Überprüfung des Modelldatensatzes

Beim Erstellen des Modelldatensatzes können zwei Arten von
Fehlern auftreten, nämlich formale und logische. Deshalb
besitzt SIMULAP die Möglichkeit, einen Modelldatensatz hinsichtlich dieser zwei Fehlerarten zu überprüfen (siehe
"Durchlauf Prüfprogramm (J/)" im Bild 26).

Bei der Überprüfung der formalen Fehler werden die Daten
hinsichtlich

- fortlaufender Numerierung,
- Überschreitung der Numerierungsgrenzen
  (vgl. 6.2.1.1),
- Überschreitung von Parameterbereichen
  (z.B. Angabe einer negativen Kapazität)

examiniert.

Die logische Überprüfung untersucht, ob bei der Strukturver-
kettung Fehler vorhanden sind. Dies geschieht dadurch, daß
die Vorgänger- und die Nachfolgerverkettungsanzeiger einan-
der gegenübergestellt werden, wobei man bei den Modellquel-
len beginnt. Ferner wird überprüft, ob Simulationssystem-
elemente angesprochen werden sollen, die (noch) nicht integriert sind, z.B. durch Aufruf einer nicht vorhandenen
Steuerstrategie.

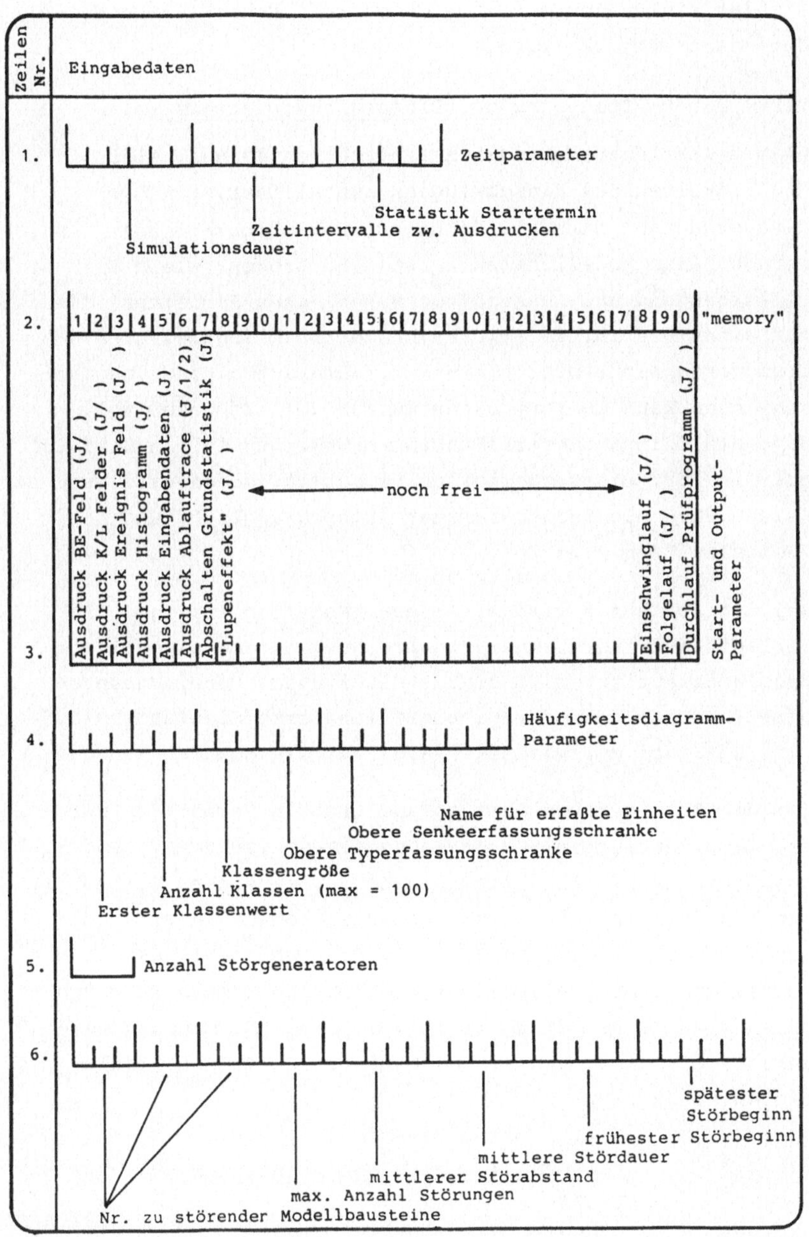

Bild 26: Aufbau des Laufführungsdatensatzes

Bei eingeschaltetem Prüfprogramm kann der eigentliche Simulationslauf nur starten, wenn kein Fehler im Modelldatensatz entdeckt wird.

7.2.2.2 Steuerung des Einschwingverhaltens

Um mit stationären Modellen arbeiten zu können, sind Möglichkeiten des Einschwingens installiert. Ein Fördersystem kann dann als "eingeschwungen" bezeichnet werden, wenn modellcharakteristische Größen, wie z.B. Umlaufbestand und Ausstoß von Beweglichen Einheiten, die für einen bestimmten Simulationszeitraum festgelegten Grenzwerte nicht mehr über- bzw. unterschreiten. Das Einschwingen kann in Form einer kurzen Vorlaufphase (vgl. dazu den Zeitparameter "Statistik-Starttermin" in Bild 26) oder in Form eines speziellen Einschwinglaufes erfolgen (siehe dazu die Startparameter "Einschwinglauf" und "Folgelauf" in Bild 26).

Bei den Vorläufen wird mit leerem Modell gestartet. Die Vorlaufphase führt ohne Unterbrechung in den eigentlichen problemorientierten Simulationslauf über. Vereinbarungsgemäß beginnt hier der problemorientierte Simulationslauf mit dem Start der Datenerfassung für die Statistiken.

Ist die Zeit der Einschwingphase groß im Verhältnis zur problemorientierten Simulationszeit, so ist der Vorlaufphase ein spezieller Einschwinglauf vorzuziehen (Bild 27). Die Enddaten dieses Einschwinglaufes können in einer eigenen Datei (siehe dazu Bild 27, Datensatz II) gespeichert werden und somit weiteren Simulationsläufen als Ausgangsdaten dienen. Auf diese Weise wird eine "Normierung" erreicht, die eine Vergleichbarkeit der einzelnen Simulationen ermöglicht.

7.2.2.3 Steuerung der problemorientierten Simulationsläufe

Problemorientierte Simulationsläufe schließen entweder an einen Vorlauf oder an einen Einschwinglauf an und werden mit den der jeweiligen Problemstellung entsprechenden Änderungen

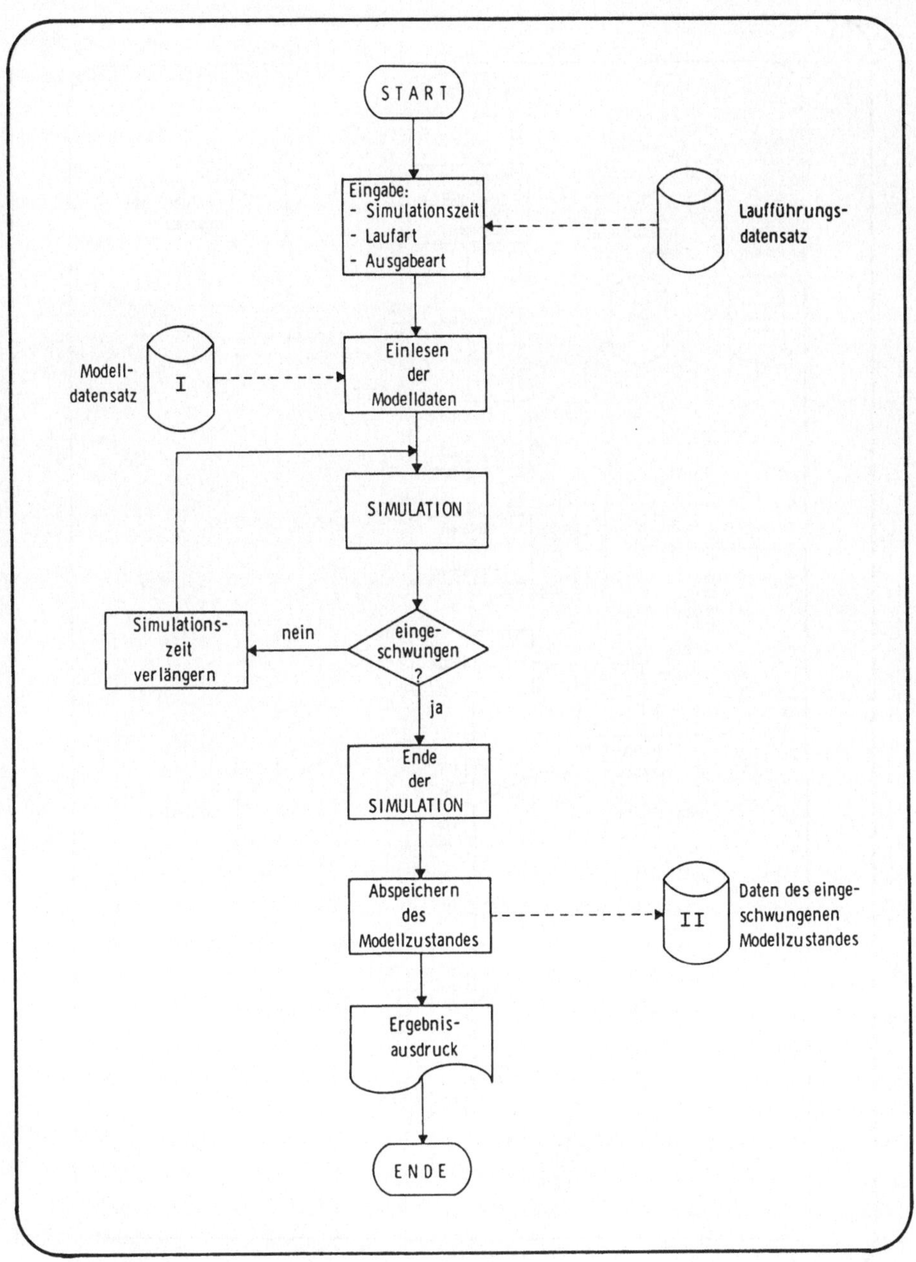

Bild 27: Ablaufdiagramm - Einschwinglauf

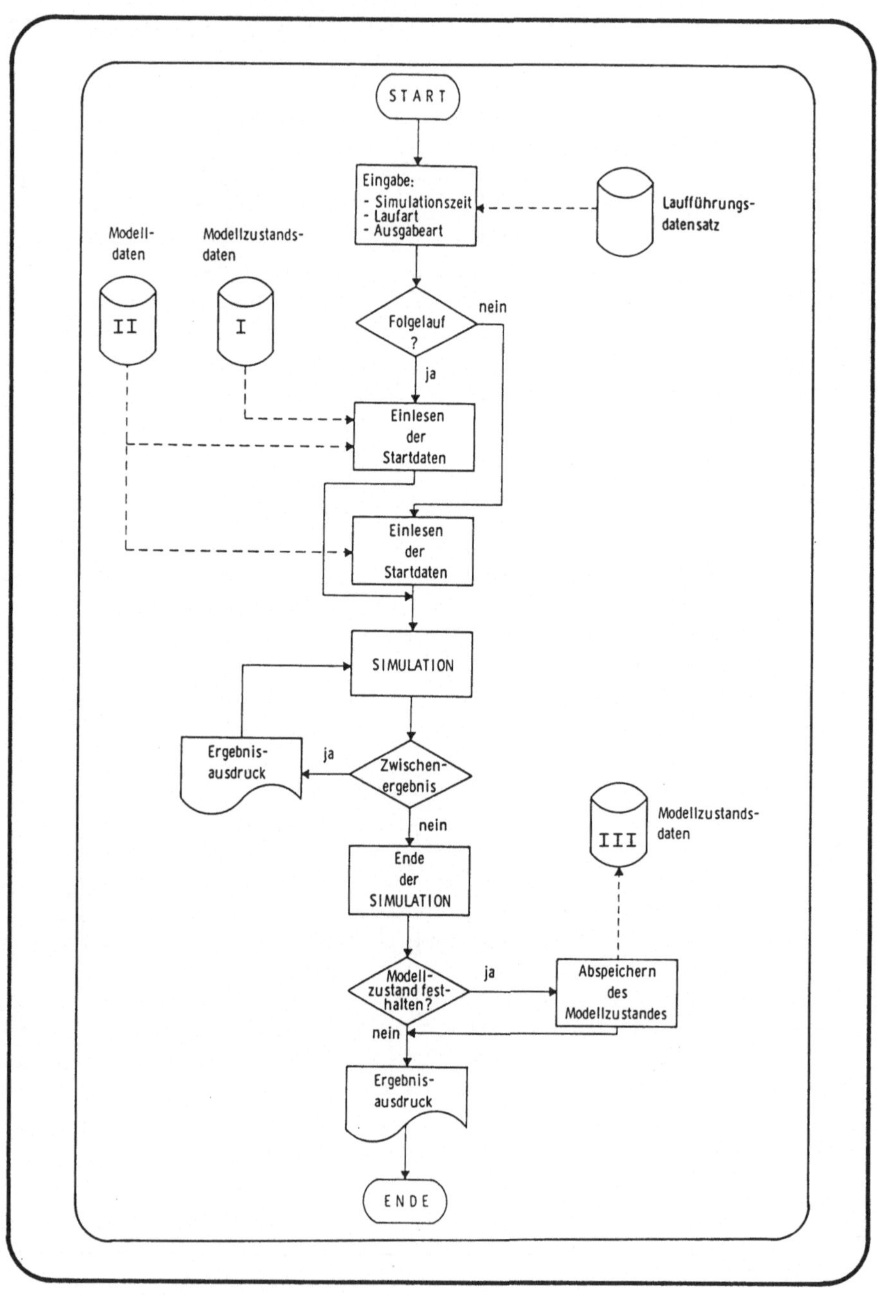

Bild 28: Möglichkeiten der Ablaufsteuerung bei der
Durchführung von Simulationsläufen

durchgeführt. Sie können als durchgängiger oder als unterbrochener Simulationslauf erfolgen.

Im Falle eines durchgängigen Laufes bleiben die vorgegebenen Daten während der gesamten Laufzeit unverändert. Bei unterbrochenen Simulationsläufen besitzen die Eingabedaten nur temporären Charakter, d.h. der Lauf kann vom Benutzer nach einer bestimmten Zeit unterbrochen werden, um einzelne Datensatzwerte zu ändern.

Die Enddaten eines problemorientierten Laufes können in einem 3. Datensatz (siehe dazu Bild 28, Datensatz III) abgespeichert werden, um auf diese Weise weiteren Läufen als potentieller Basisdatensatz zur Verfügung zu stehen.

7.2.2.4 Steuerung der Ausgabemöglichkeiten

Der Output von SIMULAP bietet zwei Arten von Ausgabedaten an: Daten zur Modellüberprüfung und statistische Daten zur Ereignisverfolgung (siehe dazu Bild 29).

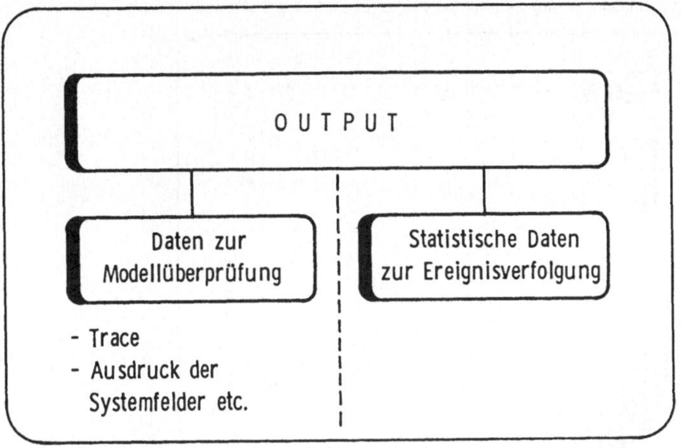

Bild 29: Output-Organisation bei SIMULAP

Die statistischen Daten zur Ereignisverfolgung können für
ein Zeitintervall, dessen Größe variierbar ist, ausge-
druckt werden. Die Ergebnisse sind blockweise strukturiert
und können daher blockweise abgerufen bzw. unterdrückt
werden (siehe dazu bei Start- und Outputparameter "Ab-
schalten Grundstatistik (J/)" in Bild 26).

Bei umfangreichen Modellen ist es aus Gründen der Übersicht-
lichkeit sinnvoll, nur relevante Modellbereiche statistisch
zu erfassen. Dieses läßt sich mit dem sogenannten "Lupen-
effekt" (vgl. Start- und Output-Parameter in Bild 26) erreichen. Bei Benutzung des "Lupeneffekts" werden nur für
diejenigen Modellbausteine Statistiken angelegt und ausge-
druckt, die im Modelldatensatz (vgl. Bild 25) in der
Trennungsspalte ein "*" besitzen.

Dort wo dies möglich ist, werden die Daten dem Benutzer
auch in graphischer Form (siehe beispielsweise Bild 30)
als Histo- bzw. Diagramm präsentiert (vgl. bei Start- und
Output-Parameter "Ausdruck Histogramm (J/)" sowie die
Häufigkeitsdiagrammparameter in Bild 26).

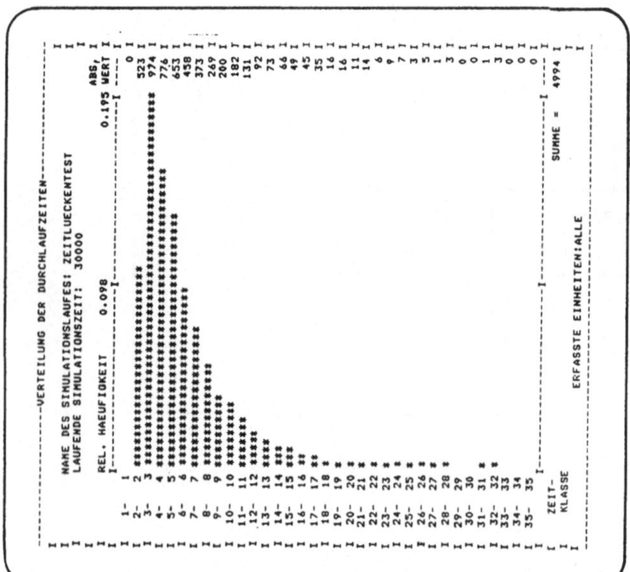

Bild 30: Beispielhaftes Histogramm einer
Zwischenankunftszeitverteilung

Die Modellüberprüfung läßt sich mit dem Simulator mittels
Ausgabe eines Ablauftrace und/oder der Systemfelder durch-
führen. Der Ablauftrace stellt eine verbale und aktuelle
Beschreibung dessen dar, was im Simulationssystem geschieht.
Für jeden Zeitpunkt erscheint eine Auflistung der Aktivitäten,
die SIMULAP im Modell vornimmt (vgl. bei Start- und Output-
Parameter "Ausdruck Ablauftrace (J/1/2/)" in Bild 26).

Als Systemfelder lassen sich das

      BE-Feld [1]   (vgl. Bild 26)
      BE-Standort-Feld (vgl. Bild 26) [2]
      Ereignis-Feld (vgl. Bild 26)

ausgeben.

7.2.2.5   Erzeugen von Störungen

Jeder der Bausteine Quelle, Anlage und Senke kann durch
einen Störgenerator einen Störstatus zugewiesen bekommen.
Der zu störende Modellabschnitt, die Stördauer, der Störabstand, der früheste Störbeginn, der späteste Störbeginn
sowie die maximale Anzahl Störungen lassen sich variabel
gestalten (vgl. "Stör-Spezifikationen" in Bild 26). Die
Stördauer und der Störabstand sind dabei entsprechend
Bild 31) definiert.

Das Simulationssystem ist so ausgelegt, daß maximal
1o Störgeneratoren zum Einsatz kommen können. Diese
Störgeneratoren arbeiten unabhängig voneinander.

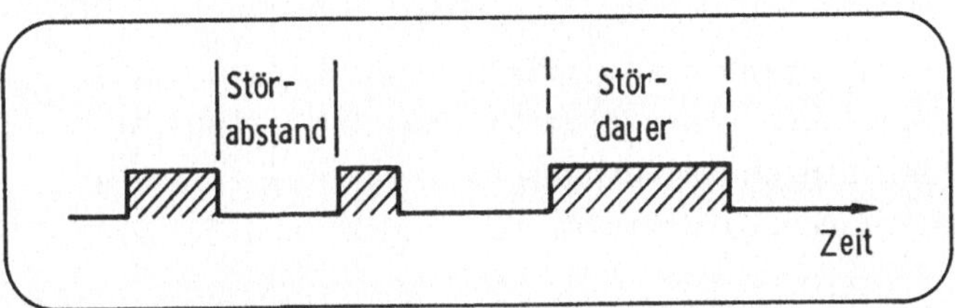

Bild 31: Definition von Störabstand und Stördauer

---

1) BE = Bewegliche Einheit
2) in Bild 26 als K/L-Feld bezeichnet

7.3   <u>Interner Aufbau und Ablauf des Simulationssystems</u>

Der Simulator "SIMULAP" besteht aus einem Grund-, einem Options-
und einem Überprüfungsbereich (Bild 32).

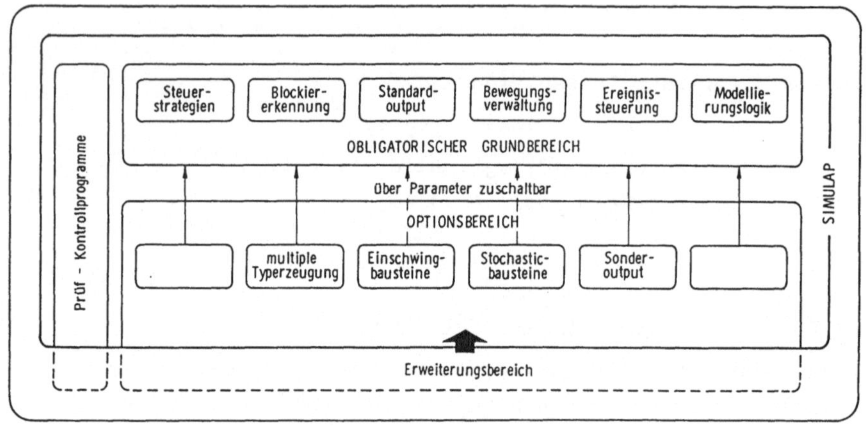

Bild 32: Aufbau des Simulationssystems SIMULAP

Allein mit Hilfe des obligatorischen Grundbereiches ist es
möglich, deterministische Systeme mit "Ein-Typ-strukturier-
ten-Quellen" abzubilden. Unter Einbeziehung des Optionsbereiches lassen sich komplexere Modelle erstellen, sowie
modifizierte Simulationsläufe durchführen. Der Überprüfungsbereich dient dazu, die eingegebenen Modellierungs- und
Laufführungsdaten hinsichtlich Eingabefehlern zu exami-
nieren (vgl. 7.2.2.1).

Der Optionsbereich umfaßt die multiple Typerzeugung (vgl.
7.2.3.1), die Abbildung von stochastischen Verteilungen,
die Steuerung des Einschwingverhaltens (vgl. 7.2.2.2) und
die Ausgabe von Sonderstatistiken.

Die Bausteine für die Abbildung stochastischer Verteilungen
lassen sich zur Darstellung

    o der Anlagen-Durchlaufzeiten,
    o der Quelle-Taktzeiten und
    o der Senke-Taktzeiten

einsetzen (vgl. Bild 24).

Für spezielle Anwendungsfälle, wie z.B. die Untersuchung
von Wartesystemen, ermöglichen die Sonderstatistiken des
Optionsbereiches differenzierte Darstellungsmöglichkeiten.
Bild 33 zeigt z.B. einen Ergebnisausdruck für ein solches
Warteschlangenmodell.

```
*****************************
* WARTESCHLANGENSTATISTIK *
*****************************

------------------------------------------------------------------------
I  NR      I MOM.  I  MAX.  I  DURCHS.  I  ANZ.      I  MAX.    I MITTL.  I
I  W.SCH.I INH.  I  INH.  I  LAENGE   I  MIT T=0 I WARTEZ.I WARTEZ.I
------------------------------------------------------------------------
I     1   I    0 I    12 I    0.9   I   1479    1   113    1   8.5   I
I     2   I    0 I    19 I    0.9   I   1408    I   146    I   9.5   I
I     3   I    0 I    11 I    0.9   I   1450    I    85    I   8.8   I
I     4   I    0 I .  16 I    0.9   I   1418    I    96    I   9.0   I
I     5   I    0 I    14 I    0.9   I   1360    I   102    I   8.9   I
I     6   I    0 I    17 I    0.8   I   1446    I   108    I   8.5   I
I     7   I    2 I     9 I    0.6   1   1485    I    65    1   6.4   I
I     8   I    0 I    17 I    1.0   I   1370    I   133    I   9.6   I
I     9   I    0 I    11 I    0.9   I   1400    I    81    I   9.1   I
I    10   I    5 I    16 I    1.1   I   1291    I   134    I  10.3   I
------------------------------------------------------------------------
```

Bild 33: Beispielhafter Ausdruck einer Warteschlangen-
statistik [1]

Sollten, z.B. für die Abbildung von Spezialproblemen, die
Bausteine des obligatorischen und Optionsbereiches einmal
nicht ausreichen, so besteht die Möglichkeit, über genau
definierte Schnittstellen fehlende Unterprogramme, die
vom Anwender zu erstellen sind, einzubauen (vgl. "Er-
weiterungsbereich" Bild 32). Gedacht ist hierbei vor allem
an weitere anwendungsspezifische Steuerungsstrategien und
an zusätzliche Aufbereitungsmöglichkeiten statistischer
Daten.

In den folgenden Kapiteln soll die Ablauforganisation des
Simulationssystems SIMULAP näher beleuchtet werden. Dabei
soll vor allem die Selbstinitiierungs- und Selbstmodellie-
rungsfähigkeit des Simulationssystems verdeutlicht werden.

---

1) Legende zu Bild 33: Nr.W.SCH. = Warteschlangennummer;
   MOM. = momentaner; INH = Inhalt; MAX. = maximal; DURCHS. =
   durchschnittliche; ANZ. = Anzahl; WARTEZ. = Wartezeit;
   MITTL. = mittlere

7.3.1   Modellierung

Bei herkömmlichen "übersetzenden" Simulatoren ist das
Modell in Form eines Quellprogrammes angelegt. Dieses
Quellprogramm muß "übersetzt" und "gebunden" werden
(vgl. Bild 33). Bei SIMULAP dagegen liegt das Modell in
Form des Modelldatensatzes vor. Mit Hilfe dieser Daten
wird durch eine SIMULAP-interne Modellierungslogik die
Modellstruktur, die Modelldimension sowie der Steuerungs-
ablauf interpretiert. Der Vorteil dieser interpretieren-
den Modellierung wird aus dem Vergleich der Arbeitsschritte
beider Modellierungsmethoden deutlich (vgl. Bild 34).

Die Schritte "Übersetzen" und "Binden" entfallen bei
SIMULAP. Dafür lassen sich die Daten des Modelldatensatzes hinsichtlich Eingabefehler überprüfen (vgl. Kap.
7.2.2.1). Durch den Wegfall des Übersetzens des Quell-
programms und des Ladens des Objektprogramms wird eine
Verkürzung sowohl der Modellierungsphase als auch der
Überprüfungsphase erreicht. Dieses ist bedeutsam, da im
Unterschied zu Großrechnern übliche Kleinrechnerkonfigu-
rationen die Schritte Übersetzen und Binden deutlich tren-
nen und somit einen größeren Zeitaufwand erfordern.

7.3.2   Ereignissteuerung

7.3.2.1   Arten der Ereignisse

Unter "Ereignisse" versteht man sowohl diskrete Aktivitäten
im Modell, die den Zustand des Modells verändern (z.B. Über-
gang einer Beweglichen Einheit[1] von einer Anlage zur näch-
sten) als auch Simulationsdurchführungsaktivitäten (z.B.
Beenden des Simulationslaufes).

---

1) im folgenden mit BE abgekürzt

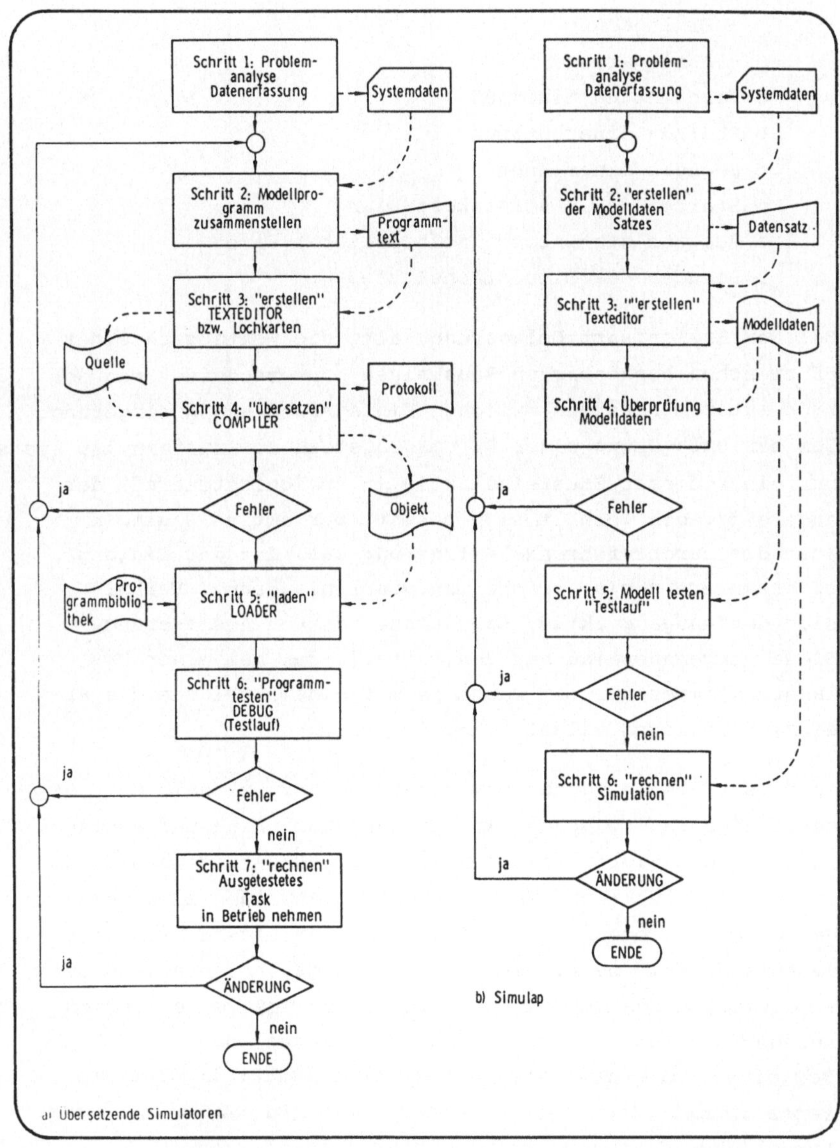

Bild 34: Gegenüberstellung der prinzipiellen Vorgehens-
weisen herkömmlicher Simulatoren und SIMULAP

Im einzelnen können folgende Ereignisarten auftreten:

o Generierung einer BE
o Umlagerung einer BE
  - Einlagerung
  - Auslagerung
o Vernichtung einer BE
o Starten einer Störung
o Beenden einer Störung
o Starten der Statistikerfassung
o Ausgabe statistisch aufbereiteter Daten
o Beenden des Simulationslaufes

Bei der Ereignisart Umlagerung, also die Weitergabe einer
BE zwischen benachbarten Bausteinen, unterscheidet man je
nach aktivem Baustein zwischen Einlagerung und Auslagerung.
Bei der Umlagerung einer BE von Baustein zu Baustein ist stets
nur einer dieser Bausteine aktiv (= ereignissteuernd), der
andere dagegen verhält sich passiv. Der aktive Baustein
löst die durchzuführende Umlagerung aus. Ist der Eingang
einer Anlage aktiv, spricht man von Einlagerung. Verhält
sich der Ausgang aktiv, so spricht man von Auslagerung.
Diese Vorgehensweise hat den Vorteil, daß bei einer Umlagerung immer nur ein Baustein mit einem Ereignis die Ereignisverwaltung bildet.

An dieser Stelle taucht nun die Frage auf, weshalb man bei
der Umlagerung zwischen zwei Anlagen nach Ein- und Auslagerung differenziert. Diese Unterscheidung ist notwendig, um
die Zusammenführ- und Verteilfunktion abbilden zu können.
Bei einem Zusammenführpunkt muß die nachfolgende einlagern-
de Anlage aktiv sein, damit diese Anlage, entsprechend der
eingesetzten Zusammenführstrategie, aus den vorgelagerten
Anlagen die Beweglichen Einheiten abziehen kann.
Bei einer Umlagerung über einen Verteilpunkt ist die dem
Verteilpunkt vorgelagerte Anlage aktiv. Die Aufteilung der
Beweglichen Einheiten erfolgt hier folgendermaßen:
Die aktiv auslagernde Anlage weist der BE, entsprechend der

am Verteilpunkt eingesetzten Verteilstrategie, einen der
Zielorte zu, die den Verteilpunkt nachgelagert sind.

7.3.2.2 Priorität der Ereignisse

Die Priorität von Ereignissen wird immer dann relevant,
wenn Ereignisse mit gleicher Ereigniszeit (= Ausführungs-
zeit) zur Abarbeitung anstehen.

Eine Einführung von Prioritäten wird erforderlich, da im
Rechner auch gleichzeitig ablaufende Prozeßaktivitäten
nur sequentiell abgearbeitet werden können. Die Notwendigkeit,solche Prioritäten einzuführen, soll anhand eines
einfachen Beispiels in Bild 35 deutlich gemacht werden.

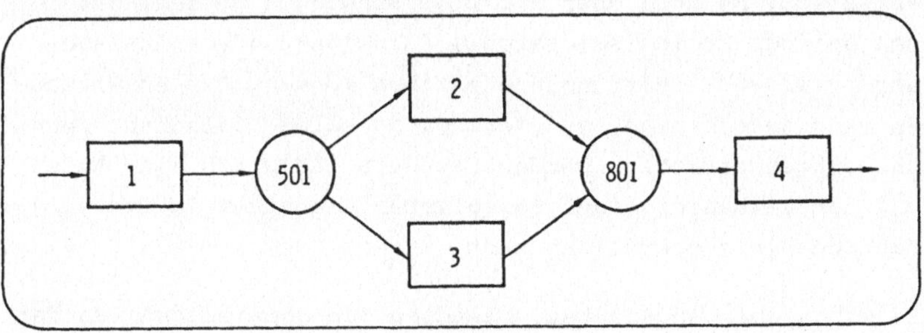

Bild 35: Beispielhafter Ausschnitt eines Modellgraphens

Für den Modellgraphen des obigen Bildes soll gelten:

  o Durchlaufzeit der Anlage 2 = 1oo Zeiteinheiten
  o Durchlaufzeit der Anlage 3 = 5o Zeiteinheiten
  o Kapazität der Anlagen = je 1
  o Strategie am Verteilpunkt 5o1:
    absolute Priorität für Anlage 3
  o Strategie am Zusammenführpunkt 8o1:
    Inhaltspriorität

Die notwendigen Ereignisse dieses Modellausschnittes bestehen in "Auslagern aus Anlage 1" und "Einlagern in
Anlage 4".

Tritt nun die Situation ein, daß in Anlage 1 und in Anlage 3
jeweils eine BE zur Umlagerung ansteht, und die Umlagerung
von 3 nach 4 würde nicht bevorzugt vom Simulationsmodell
bearbeitet, so würde die BE der Anlage 1 in die Anlage 2
weitergegeben, da die Prioritätsanlage 3 ja noch belegt
ist. Da in der Realität aber solche Ereignisse parallel
stattfinden können, würde hier vom Simulationssystem eine
Verfälschung erfolgen. Deshalb ist sicherzustellen, daß
hier die Auslagerung erst nach der Einlagerung in die Anlage 4 durchgeführt wird. Dann ist für die Auslagerung der
kurze günstige Weg über Anlage 3 frei.

Aus diesem Beispiel wird deutlich, daß bei gleicher Ereigniszeit die Einlagerung Priorität vor der Auslagerung haben sollte. Es soll aber nicht verschwiegen werden, daß
auch bei der Ereignishierarchie "Einlagerung vor Auslagerung" gewisse Verzerrungen entstehen können. Die Auswirkungen sind jedoch nicht gravierend, da keine "falschen" Wegent-
scheidungen getroffen werden, sondern lediglich eine Änderung der Reihenfolge der Beweglichen Einheiten in der ein-
lagernden Anlage erfolgen kann.

Wie schon oben angedeutet, bestehen die Schwierigkeiten der
Prioritätsvergabe vor allem bei den Aktivitäten, die den
Durchlauf der Beweglichen Einheiten berühren. Die Prioritäten
lassen sich bei diesen Ereignissen mit Hilfe von drei
Prioritätskriterien festlegen. Diese Kriterien lauten in
der Reihenfolge ihrer Wichtigkeit:

    I   Strategie-Nichtbeeinflussung (+) vor
          Strategie-Beeinflussung (-)

    II   Zusammenführfunktion (+) vor
          Verteilfunktion (-)

    III   Senke (++) vor Ein/Aus (+) vor Quelle (-)
          (=Gefällekriterium)

Die Wertigkeiten dieser Kriterien sind so gesetzt, daß eine
möglichst realitätsgerechte Abbildung der zu überprüfenden
Strategien gewährleistet wird. Das Gefällekriterium dient
dazu, Blockierungen im Modell zu verhindern, die aufgrund
der sequentiellen Ereignisabarbeitung sonst entstehen könnten.

Um eine Vergabe der Prioritäten durchführen zu können, ist
es erforderlich, die in Kapitel 7.3.2.1 definierten "BE-
Ereignisse" hinsichtlich ihrer Strategie-Einwirkmöglich-
keiten aufzusplitten. Bei der Auslagerung ist dieses nicht
erforderlich, da sie definitionsgemäß nur vor Verteilpunkten auftritt. In Bild 36 sind alle prioritätsmäßig
relevanten Ereignisse erfaßt. Ferner sind aus dem Bild die
Kriterienbewertung der BE-bezogenen Ereignisse sowie die
daraus resultierenden Hierarchiestufen ersichtlich.

7.3.2.3   Initiierung der Ereignisse

Die Initiierung von Ereignissen wird sowohl direkt als
auch indirekt gesteuert.

Bei der direkten Initiierung wird der Eintrittstermin
eines Ereignisses von außen (d.h. vom Benutzer) dem
Simulationssystem vorab mitgeteilt. Solche Ereignisse sind:

    o Beenden der Simulation und Ausgabe
      der Endstatistik
    o Generierung der ersten BE je Quell-Generator
    o Start der Statistikerfassung
    o 1. Start eines Störgenerators (bei Bedarf)
    o 1. Zwischenausgabe statistisch aufbereiteter
      Daten (bei Bedarf)

Bei der indirekten Initiierung berechnet das Simulationssystem die Starttermine der betreffenden Ereignisse während
des Simulationslaufes selbsttätig. Diese Berechnungen gehen
dabei von den im vorigen Absatz beschriebenen Ereignissen
aus. So wird jeweils die nachfolgende BE-Generierung einer
Quelle anhand ihrer mittleren Zwischeneintrittszeit (= Takt-
zeit) ermittelt.

Priorität (PE)	Art des Ereignisses	Kriterienbewertung		
		I	II	III
1	—			
2	Störende			
3	Störbeginn			
4	—			
5	Aufruf einer Senke nach einer Anlage	+		++
6	Aufruf einer Einlagerung nach einer Anlage	+		+
7	Aufruf einer Quelle vor einer Anlage	+		-
8	Aufruf einer Senke nach einem Zusammenführpunkt	-	+	++
9	Aufruf einer Einlagerung nach einem Zusammen-führpunkt	-	+	+
10	Aufruf einer Auslagerung	-	-	+
11	Aufruf einer Quelle vor einem Verteilpunkt	-	-	-
12	—			
13	Statistikausgabe			
14	Starten der Statistikerfassung			
15	Beenden des Simulationslaufes			

Anmerkung: Die höchste Priorität liegt bei PE = 1!

      I = Strategiebeeinflussungskriterium
    II = Zusammenführ/Verteilkriterium
  III = Gefällekriterium

Bild 36: Ereignishierarchie mit Kriterienbewertung der BE-bezogenen Ereignisse

Die BE-abhängigen Ereignisse (Umlagerungen und Vernichtung
einer BE) werden fortschreitend mit dem BE-Modelldurchlauf
ermittelt. Um diese selbsttätige Fortschreibung der BE-Ereignisse zu gewährleisten, sind die im Modelldatensatz eingegebenen Vorgänger-/Nachfolgerzeiger, die jeweils auf den
direkten Graph-Nachbarn gerichtet sind (vgl. dazu Kap. 7.2.1),
nicht ausreichend. Vielmehr werden diese Zeiger, wie in
Bild 38 dargestellt, benötigt, um die "ereignislosen"
Steuerpunkte zu überbrücken. Um den Benutzer nicht mit
solchen simulationsinternen Problemen zu belasten, wird
die erforderliche Neuordnung an den Verteil- und Zusammenführpunkten vom Simulationssystem selbsttätig vor dem eigentlichen Simulationslauf durchgeführt (vgl. Bild 38b und c).

Anhand des einfachen Modellgraphen in Bild 37 soll die
vorschaltende Aktivierung der BE-relevanten Ereignisse
verdeutlicht werden.

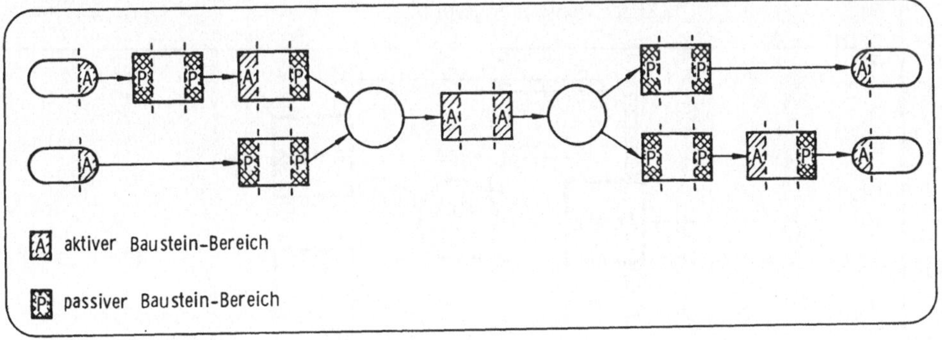

Bild 37: Durchführung der BE-Bewegungen mit aktiven
und passiven Bausteinbereichen

Die aktiven Bausteinbereiche sind in Bild 37 jeweils mit
"A" gekennzeichnet, die jeweils zugehörigen passiven Bereiche mit "P" (vgl. Kap. 7.3.2.1). Diese modellabhängige
Einteilung wird vom Simulationssystem selbsttätig durchgeführt. Der Anwender braucht sie nicht zu beachten und
damit auch nicht zu kennen.

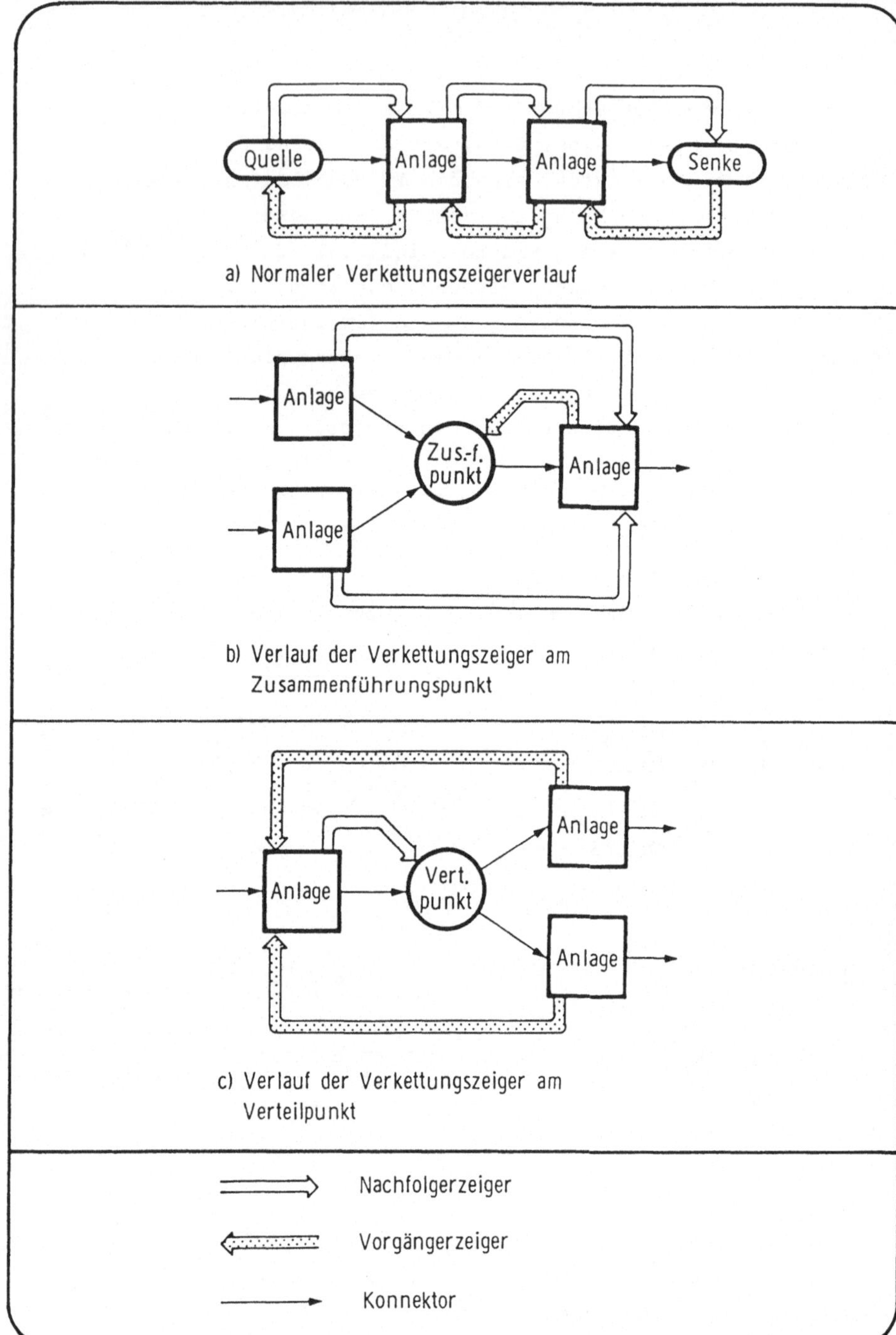

Bild 38: Notwendiger Verlauf der Verkettungsanzeiger
für die Selbstaktivierung der BE-Ereignisse

Nachfolgende Störereignisse werden an Hand des ersten Stör-
starttermins Schritt um Schritt festgelegt. Bei jedem Störgenerator wird dabei die Ereignisfolge Störstart - Störende - Störstart usw. eingehalten.

Eine ähnliche Fortschaltung erfolgt bei der Ermittlung
der Zwischenstatistikausgabetermine. Die Berechnung des
zweiten und der weiteren Ausdrucke erfolgt über den
1. Zwischenausdrucktermin und das ebenfalls vorgegebene
Zeitintervall zwischen zwei Ausdrucken.

7.3.2.4 Verwaltung der Ereignisse

Um Speicherplatz zu sparen, werden alle Ereignisse (vgl.
Kap. 7.3.2.1) selbsttätig aufsteigend dynamisch adressiert.
So kann, je nach Modell, das Ereignis "Ende einer Störung"
z.B. die Ereignisnummer 3o oder auch die Nummer 2oo besitzen.

Die Verwaltung der initiierten Ereignisse erfolgt mit Hilfe
einer Kette (= Ereignisliste), in der diese Ereignisse zeit-
lich aufsteigend sortiert sind. Am Anfang dieser Ereigniskette steht also immer das aktuelle Ereignis, welches aufgrund seines Starttermins als nächstes zu bearbeiten ist.

Die Einordnung der Ereignisse in die Ereignisliste und die
Abarbeitung der aktuellen Ereignisse ist im Ablaufdiagramm
des Bildes 39 dargestellt.

Aktuelle Ereignisse, deren Durchführung aufgrund des aktuellen Systemzustandes momentan nicht möglich ist, werden
in der Ereignisliste gelöscht, obwohl das Ereignis nicht
stattfinden konnte. Eine solche Situation tritt z.B. auf,
wenn ein induktiv gesteuertes Fahrzeug eine "Blockstrecke"
betreten will, obwohl sich noch ein anderes Fahrzeug hierin
aufhält. Das angestrebte Ereignis "Umlagerung" ist zu dieser
Zeit nicht durchzuführen. Hat das Vorgängerfahrzeug jedoch die
Blockstrecke verlassen, kann obiges Ereignis durchgeführt
werden.

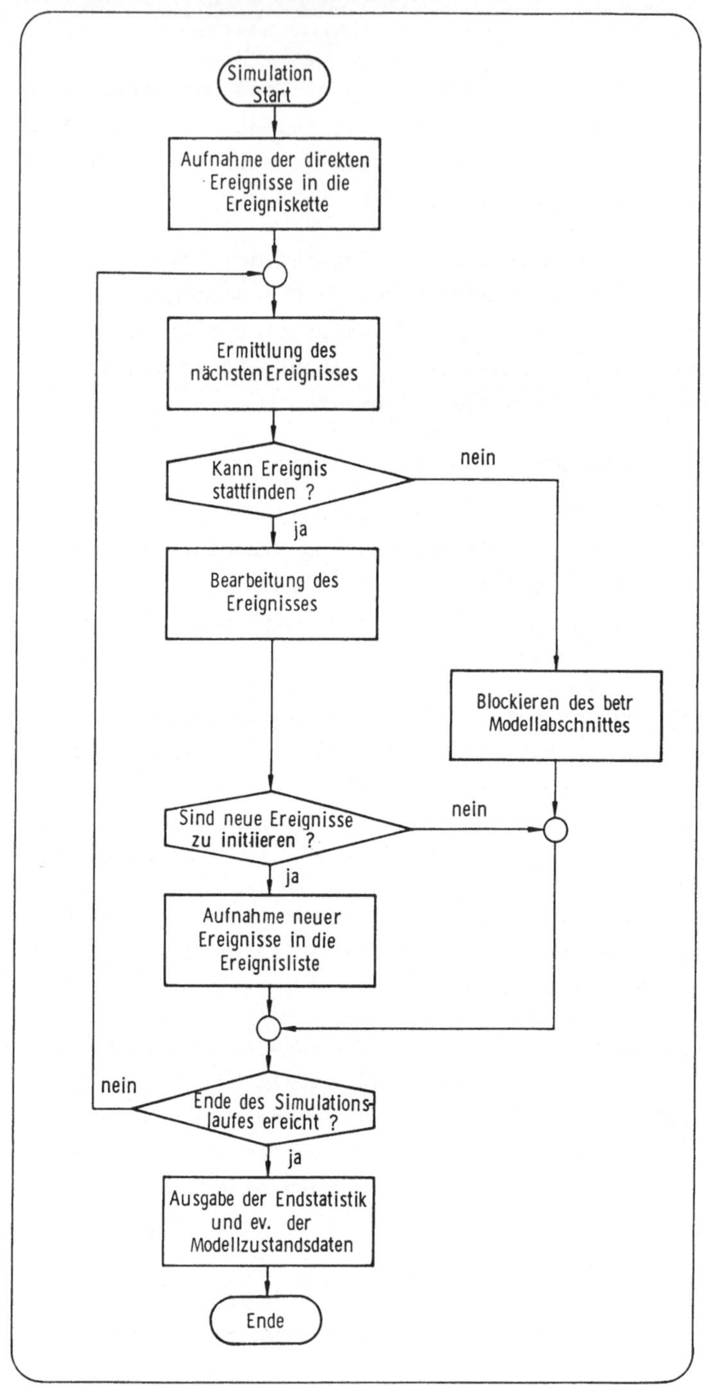

Bild 39: Ereignisverwaltung des Simulationssystems SIMULAP

Um dieses zurückgestellte Ereignis zu realisieren, wird die Anlage, die die betreffende "Blockstrecke" im Modell abbildet, im Falle der Nichtdurchführbarkeit eines Ereignisses mit der Adresse dieses Ereignisses versehen. Wird die Blockstrecke wieder frei, so wird mit Hilfe dieser Adresse das betreffende Ereignis wieder initiiert. Mit Hilfe dieser Vorgehensweise ist es möglich, den Umfang der zu verwaltenden Ereignisse wirksam zu reduzieren, da nur solche Ereignisse in die Ereigniskette aufgenommen werden, bei denen im Zeitpunkt der Initiierung eine Abarbeitung durchführbar erscheint.

7.3.3   Abbildung der Beweglichen Einheiten

7.3.3.1   Durchlauf der Beweglichen Einheiten

Die Beweglichen Einheiten werden während des Simulationslaufes von den Quellen generiert. Für jede Quelle sind die Eintrittsfrequenz (über die Zwischenankunftszeit) und die Typvorgabe einstellbar. Die Typvorgabe kann dergestalt gewählt werden, daß je Quelle nur ein bestimmter Typ erzeugt wird. Realitätsbezogene Simulationsuntersuchungen haben jedoch die Notwendigkeit aufgezeigt, unterschiedliche BE-Typen von einer Quelle erzeugen zu lassen /41, 80/. Aus diesem Grund wird die in /61/ angewandte Methode der multiplen Typgenerierung auch in SIMULAP eingesetzt. Dabei wird bei jeder BE-Generierung der BE-Typ mit Hilfe einer quellspezifischen Verteilungsfunktion berechnet (Bild 40).

Um die Wirkungsweise dieser Generierung deutlich zu machen, ist in Bild 40 ebenfalls der Ablauf bei der Erstellung einer Verteilungsfunktion durch den Anwender angegeben. Dazu wird für jede Quelle die prozentuale kumulierte Häufigkeit der zu erzeugenden Typen aufgestellt. Die Regressionsgleichung dieser kumulierten Typhäufigkeiten dient dann direkt als Verteilungsfunktion.

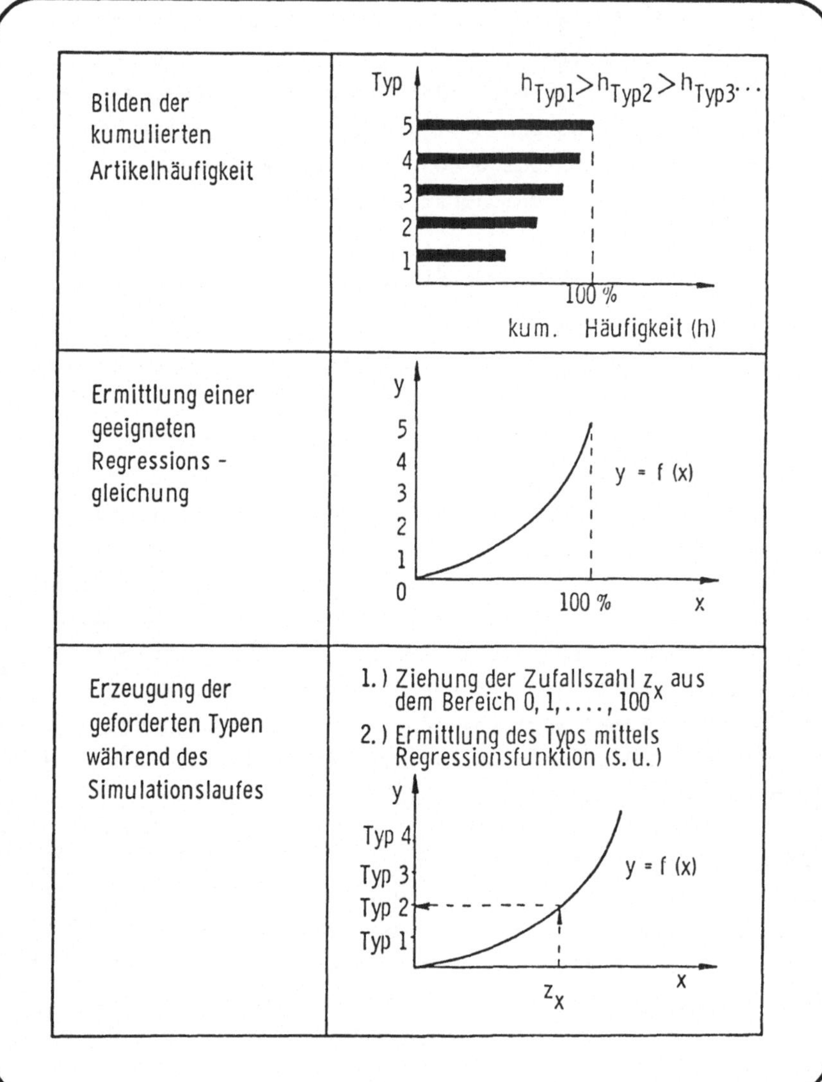

Bild 40: Vorgehensweise bei der multiplen Typgenerierung

Die von den Quellen erzeugten Beweglichen Einheiten können
sich während ihres Modellaufenthaltes nur in den Anlage-
Bausteinen aufhalten (mögliche Dauer = O). Die Bausteine
Quelle, Steuerpunkt und Senke können keine Beweglichen Einheiten aufnehmen (mögliche Aufenthaltsdauer $\geq$ O). Sie
realisieren Generierungs-, Steuer- und Ausschleusfunk-
tionen.

Die letzte Aktivität, die eine BE erfährt, geht vom
Senke-Baustein aus. Diese Aktivität beinhaltet sowohl den
Austritt aus der der Senke vorgelagerten Anlage als auch
die Vernichtung dieser BE.

Es bleibt anzumerken, daß bei allen obigen Ereignissen
eine Erfassung statistisch relevanter Daten erfolgt,
z.B. maximale Belegung einer Anlage durch Bewegliche Einheiten oder Häufigkeit des Blockierens einer Anlage
(vgl. Kapitel 7.2.2.4).

7.3.3.2   Verwaltung der Beweglichen Einheiten

Die zugehörigen fixen und variablen Attribute der Beweglichen Einheiten sind in einem BE-Feld abgelegt. Solche
Attribute sind z.B.: Modelleintrittszeit, Typ, Standort,
etc. Jede Bewegliche Einheit bekommt bei ihrer Generierung
eine freie Zeile in dem Feld zugewiesen. Diese Zeile
bleibt der Beweglichen Einheit während des ganzen Modell-
durchlaufes erhalten.

Die Verwaltung der Beweglichen Einheiten, die sich jeweils
in einer Anlage befinden, erfolgt mit Hilfe einer BE-Kette.
In dieser Kette sind alle Beweglichen Einheiten dieser Anlage entsprechend ihrem jeweiligen Anlagenaustrittstermin
sortiert. Den Anfang der Kette bildet die Bewegliche Einheit, die die Anlage als nächstes verläßt. Am Kettenende
befindet sich die zuletzt eingetretene Bewegliche Einheit
(first-in-first-out).

Bei einer Umlagerung wird die Bewegliche Einheit vom
Anfang der "Auslagerkette" als Endglied der "Einlager-
kette" verwandt. Die Verwaltung der hierfür erforderlichen Daten wird aus Bild 41 ersichtlich.

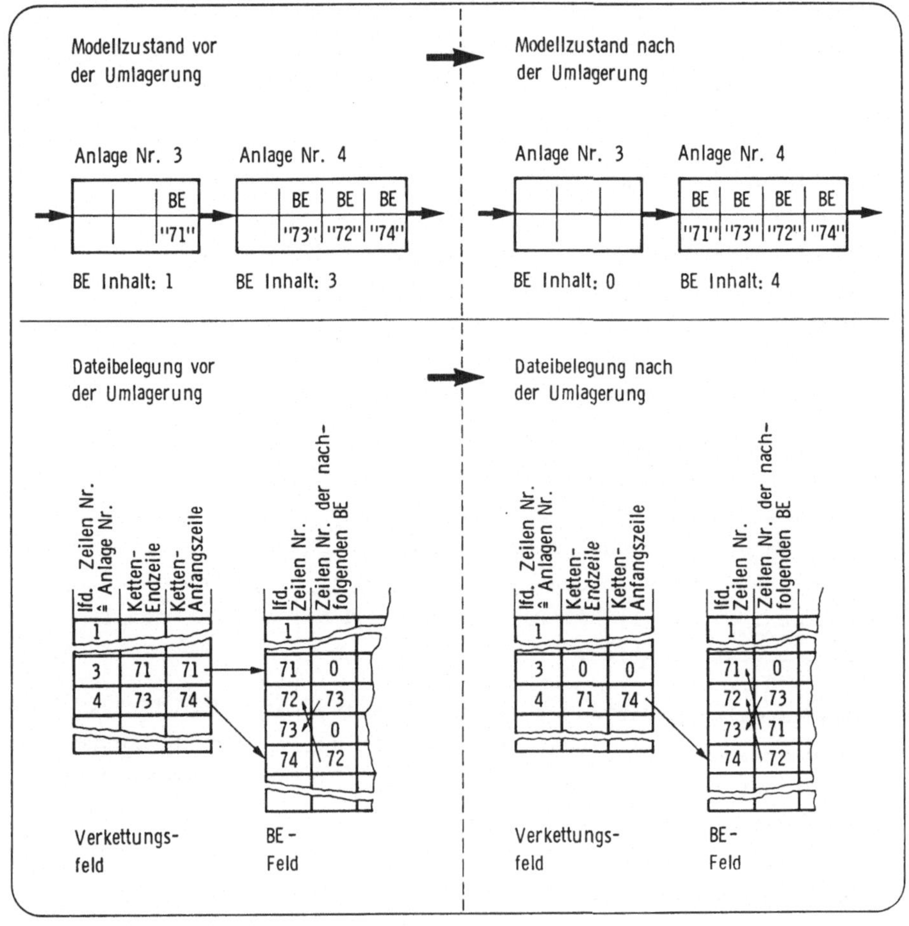

Bild 41: Verwaltung der BE-relevanten Dateien
bei der Umlagerung einer BE

7.4   Anwendungsbeispiel

Im folgenden soll anhand einer Simulationsstudie für ein
komplexes Lackiersystem die Einsetzbarkeit des neuen Simulators nachgewiesen werden. Komplexe Lackiersysteme bestehen aus vielen mehrstufigen Lackieranlagen, die durch Förderanlagen verbunden sind. In der Regel sind auf jeder Stu-
fe mehrere parallele Anlagen angeordnet, z.B. um unterschiedliche Bearbeitungszeiten der einzelnen Stufen auszugleichen.
Eine solche Anordnung ermöglicht es, mit Hilfe der verbindenden Förderanlagen für die zu lackierenden Baueinheiten
unterschiedliche Materialflußwege zu verwirklichen.

Dieser Sachverhalt gestattet es, eine Führungsstrategie zum
Steuern des Materialflusses einzusetzen, die für den wirtschaftlichen Betrieb notwendig ist.

7.4.1   Problemstellung/Zielsetzung

Ein Betrieb will im Zusammenhang mit der Einführung eines neuen
Produktes (Typ 10) die bestehenden Lackierkapazitäten erweitern.
Dazu soll, parallel zur bestehenden Lackieranlage, eine weitere
Anlage erstellt werden, die analog zur bestehenden Lackieranlage
aufgebaut ist (Bild 42).

Die Komplexität dieses Lackiersystems soll mit Hilfe der nachfolgenden Daten verdeutlicht werden.

Insgesamt beinhaltet das System ca. 4 000 Plätze auf Förder-,
Puffer- und Lackieranlagen. Im Durchschnitt halten sich in diesen Anlagen ca. 2 000 Baueinheiten auf. Die Lackierkapazi-
tät des zu untersuchenden Lackierbereiches zeigt Bild 43.

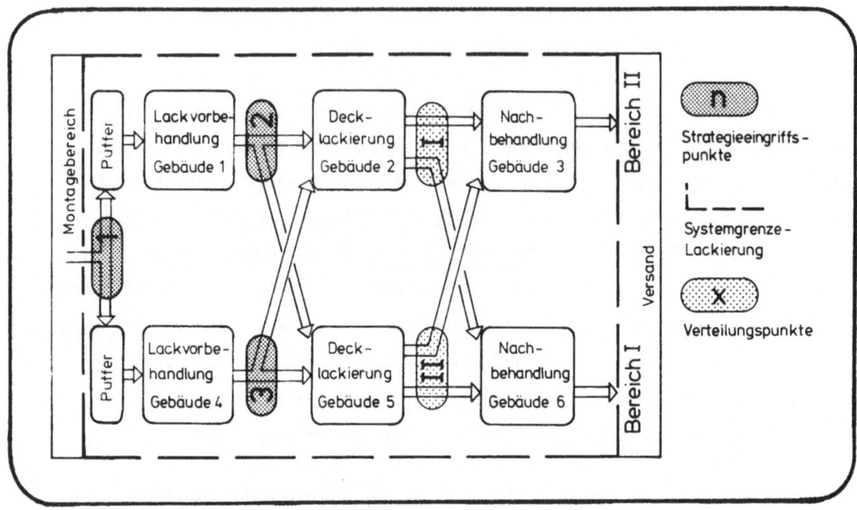

Bild 42: Struktur des Lackierbereichs

	Hauptlackierstrang	Erweiterungsstrang
Lackvorbehand-lung	Gebäude 1 : 1200	Gebäude 4 : 500
Decklackierung	Gebäude 2 : 1000(s) 300(p)	Gebäude 5 : 450 (p)
Konservierung	Gebäude 3 : 1400	Gebäude 6 : 330

s = Spritzlackierung p = Pulverlackierung

Bild 43: Lackierkapazitäten in Baueinheiten je Tag.

Bei den Kapazitätsangaben für die Decklackanlagen ist zwischen Spritzlackierungen (s) und Pulverlackierungen (p) zu unterscheiden, da diese Kapazitäten nicht wechselseitig nutzbar sind. Die Anordnung der einzelnen Kapazitäten (vgl. Bild 43) macht deutlich, daß ein geradliniger Durchlauf entlang des Erweiterungsstranges nicht möglich ist. Vielmehr sind hier aufgrund der vorhandenen Kapazitäten Entscheidungen darüber zu treffen, welche Lackiereinheiten von diesem Weg abweichen müssen.

Auf den obigen Kapazitäten ist ein Lackierprogramm mit der in Bild 44 beschriebenen Struktur zu fahren.

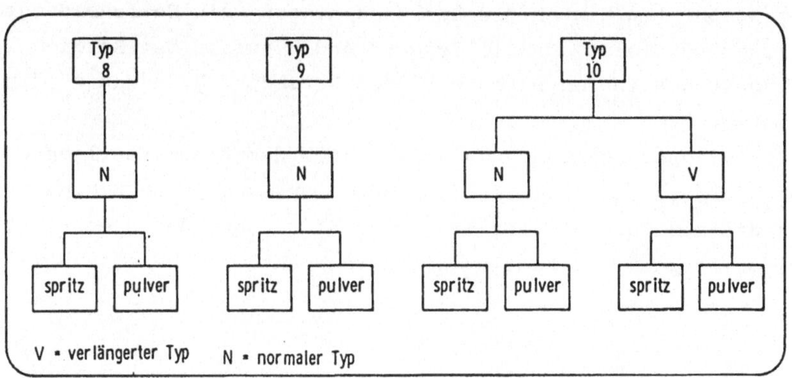

Bild 44: Struktur des Lackierprogramms

Dieses Lackierprogramm setzt sich aus den Typen 8 und 9 sowie aus dem neuen Typ 10 zusammen. Bei der Belegung obiger Kapazitäten sind folgende typbezogene Forderungen zu berücksichtigen:

- Typ 10: Konservierung im Gebäude 6 und Versand im Bereich I,

- Typ V 10 (verlängerte Ausführung): Lackvorbehandlung im Neubau (Gebäude 4), da nur dort ein entsprechend großes Tauchgehänge zur Verfügung steht,

- Typ 9: Konservierung im Gebäude 3 und Versand im Bereich II,

- Typ 8: Lackvorbehandlung im Neubau (Gebäude 4) und Versand im Bereich II[1].

Obige Ausführungen machen deutlich, daß beide Lackierbereiche zu koppeln sind. Möglichkeiten des Eingriffs in das Zusammenspiel der zwei Bereiche sind am Aufteilungspunkt 1 vor den Lackvorbehandlungen sowie an den beiden Verzweigungspunkten hinter den Lackvorbehandlungen gegeben (vgl. Bild 42). Aus Gründen der Vollständigkeit bleibt anzumerken, daß an den Verzweigungspunkten hinter den Decklackanlagen kein Entscheidungsspielraum verbleibt, da die Typen 8 und 9 nur in den Bereich II, der Typ 10 nur in den Bereich I des Versandes gelangen dürfen.

Als Ziel dieser Untersuchung stellt sich damit die Festlegung einer Führungsstrategie für das Lackiersystem. Diese Führungsstrategie muß dabei in der Lage sein, für jeden der drei Strategieeingriffspunkte situationsgerechte Reaktionen bereitzuhalten.

---

[1] Bedingt durch ein verstärktes Blech und eine damit verbundene längere Trockenzeit ist die Vorbeschichtung des Typs 8 nur im Gebäude 4 möglich, da hier ein längerer Trockenkanal geplant ist.

Die einzelnen Führungsstrategien sollen dabei folgenden betrieblichen Steuerungszielen genügen:

- Erfüllung des Produktionsprogrammes (Ablieferung an Versand) hinsichtlich Stückzahl und Termin

- Einhalten der vorhandenen Pufferkapazitäten, um manuelle Sondermaßnahmen zu vermeiden

- gleichmäßige Auslastung der Lackierkapazitäten

- geringe Belastung der verbindenden Förderanlagen zwischen beiden Lackierbereichen

- Lackieren des neuen Typs 10 im neuen Lackierbereich, Gebäude 5.

7.4.2 Problemlösung

Die im nachfolgenden beschriebene Problembearbeitung erfolgte unter Einsatz des Simulators SIMULAP.

7.4.2.1 Erstellen des Simulationsmodells

Das unter Einsatz der graphischen Bausteine (vgl. Kap. 6.1) erstellte Lackierungsmodell wird aus den Bildern 45 und 46 ersichtlich. Bild 45 stellt dabei im wesentlichen den Hauptlackierstrang (Gebäude 1 - 3), Bild 46 im wesentlichen den Erweiterungsstrang (Gebäude 4 - 5) dar.

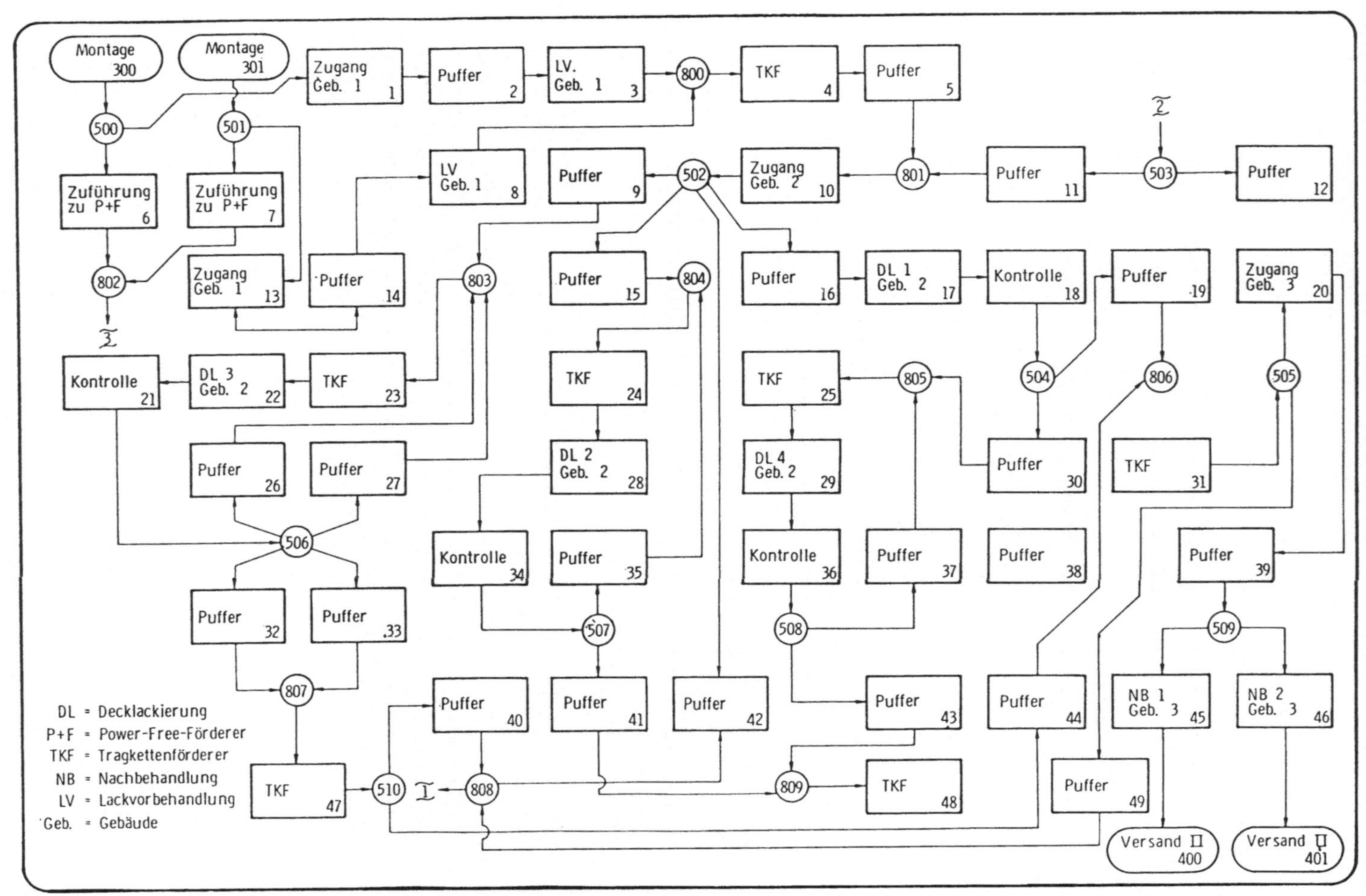

Montage 300
Montage 301
Zugang Geb. 1 1
Puffer 2
LV. Geb. 1 3
800
TKF 4
Puffer 5
500
501
503
Zuführung zu P+F 6
Zuführung zu P+F 7
LV Geb. 1 8
Puffer 9
502
Zugang Geb. 2 10
801
Puffer 11
Puffer 12
802
Zugang Geb. 1 13
Puffer 14
803
Puffer 15
804
Puffer 16
DL 1 Geb. 2 17
Kontrolle 18
Puffer 19
Zugang Geb. 3 20
Kontrolle 21
DL 3 Geb. 2 22
TKF 23
TKF 24
TKF 25
805
504
806
505
Puffer 26
Puffer 27
DL 2 Geb. 2 28
DL 4 Geb. 2 29
Puffer 30
TKF 31
506
Kontrolle 34
Puffer 35
Kontrolle 36
Puffer 37
Puffer 38
Puffer 39
Puffer 32
Puffer 33
507
508
509
807
Puffer 40
Puffer 41
Puffer 42
Puffer 43
Puffer 44
NB 1 Geb. 3 45
NB 2 Geb. 3 46
TKF 47
510
808
809
TKF 48
Puffer 49
Versand I 400
Versand II 401
DL = Decklackierung
P+F = Power-Free-Förderer
TKF = Tragkettenförderer
NB = Nachbehandlung
LV = Lackvorbehandlung
Geb. = Gebäude

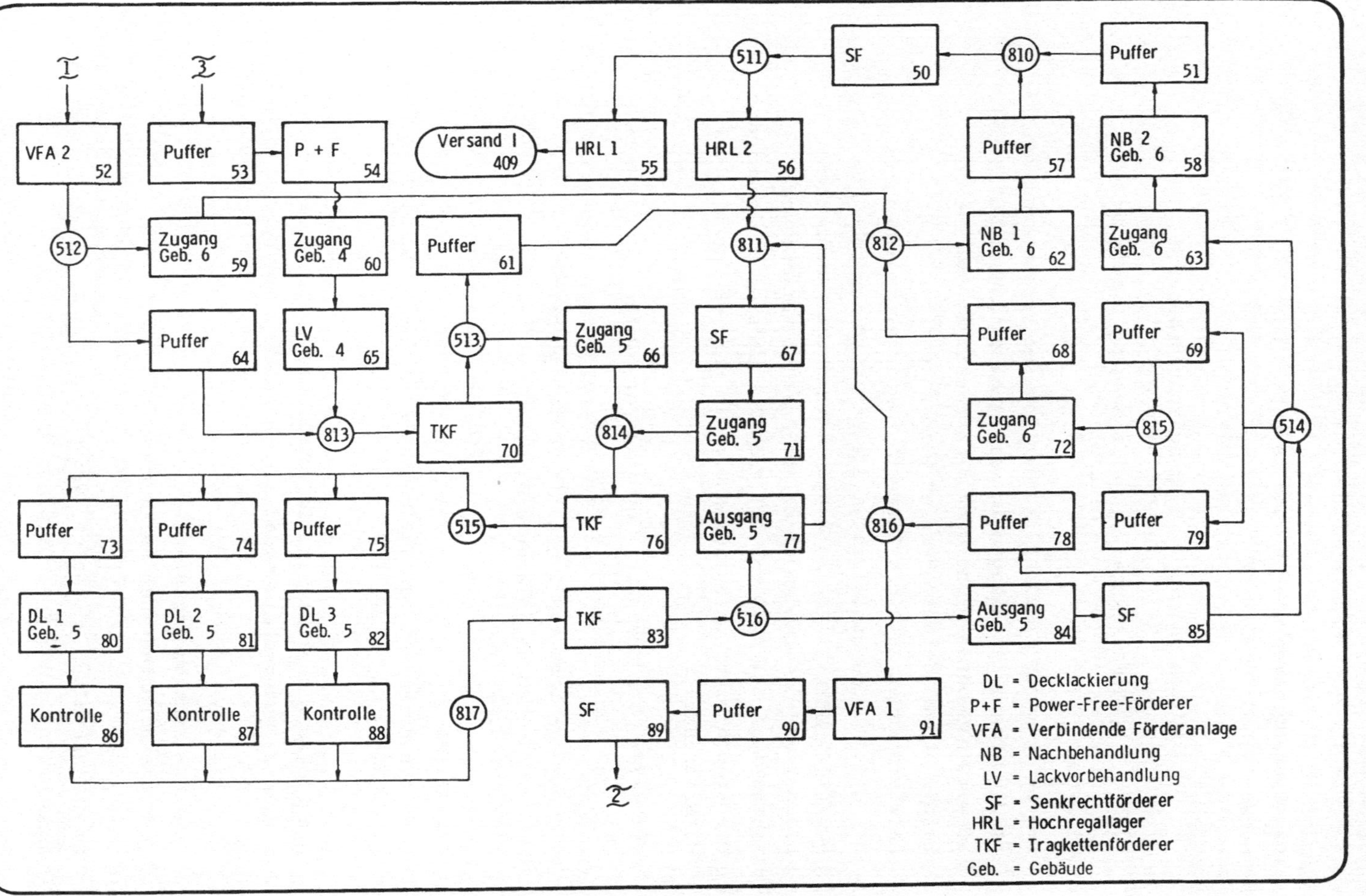

Bild 46: Modellgraph II des Lackierbereiches (Erweiterungsstrang)

Die Systemgrenzen dieses Modells setzen sich wie folgt zusammen:

- Systemeingang = Ausgang Montagebereich
                   (zweisträngig)
- Systemausgänge = jeweils Ausgang Lacknach-
                   behandlung.

Das Lackiermodell selbst enthält gewisse Vereinfachungen, um die Anzahl der Anlagen in vertretbarem Rahmen zu halten. So werden Gebäude 1 und Gebäude 4 nicht bis ins letzte Detail abgebildet, sondern es werden mehrere Puffer und Lackierstraßen zu einem Element (= Anlage) zusammengefaßt. Bei diesem zusammengesetzten Element wird nur noch das Übertragungsverhalten im ganzen betrachtet. Anzumerken bleibt, daß die in den einzelnen Anlagen verwendeten Zahlen (vgl. Bild 45 und 46) Modellierungskennzahlen sind; sie stehen nicht in Zusammenhang mit betriebsspezifischen Numerierungen.

Trotz der oben gemachten Vereinfachung umfaßt dieses Modell noch ca. 1oo Anlagen, die sich als

- Lackieranlagen mit Kontrollbereichen
- Förderanlagen und
- Pufferanlagen

darstellen.
Ferner sind an den Verknüpfungspunkten dieser Anlagen 33 Steuerpunkte einzubeziehen.

Die Lackiereinheiten sind im Modell nach unterschiedlichen Kriterien zu unterscheiden und zwar hinsichtlich

- Typ,
- Fertigungszustand,
- durchlaufenem Lackierweg.

Um Speicherplatz zu sparen, werden obige drei Kriterien jeweils kompakt auf einem Speicherplatz abgelegt.

Während das Attribut "Typ einer Lackiereinheit" (vgl.
dazu Bild 44) für den gesamten Modelldurchlauf konstant
bleibt, sind die beiden anderen Attribute zustandsab-
hängig. Anhand der Kriterien "Typ" und "Fertigungszustand"
lassen sich die Lackiereinheiten an den Steuerpunkten
entsprechend der gewählten Strategie steuern. Dabei er-
fordert der Fertigungszustand eine 5-stufige Unterscheidung:

- montiert,
- lackvorbehandelt,
- decklackiert,
- fehlerhaft decklackiert und
- nachbehandelt.

Mit Hilfe des Attributes "durchlaufenem Lackierweg" ist es mög-
lich, den bisherigen Verlauf einer Lackiereinheit durch das
Lackiersystem nachzuvollziehen. Bild 47b zeigt die verwendeten
Wegcodes am Ausgang des Lackiersystems. Die Generierung dieser
Codes während des Systemdurchlaufes wird aus Bild 47a ersichtlich. Sie erfolgt, indem die Lackiereinheiten an den Additions-/
Subtraktionspunkten jeweils mit den betreffenden Werten 2 oder 3
beaufschlagt werden.
Diese Wegkennzeichnung erlaubt es, Aussagen über die unterschiedlichen Lackierwege zu treffen. Sie stellt damit eine Hilfe für
die Beurteilung der Führungsstrategie dar.

7.4.2.2 Durchführen der Simulationsläufe

Mit Hilfe des erstellten Simulationsmodells sind relevante Führungsstrategien auf ihre Eignung zu untersuchen. Strategiealternativen, die in Zusammenarbeit mit den Spezialisten des Lackierbereiches entworfen wurden, werden dabei mit den Situationen kon-
frontiert, welche sich bei einer vorausgegangenen Analyse heraus-
kristallisiert hatten. Um Aussagen über die Wichtigkeit möglicher
Störungen zu erhalten, waren umfangreiche Untersuchungen und Ana-
lysen notwendig, deren Schilderung jedoch den Rahmen der zugrunde
liegenden Thematik sprengen würde.

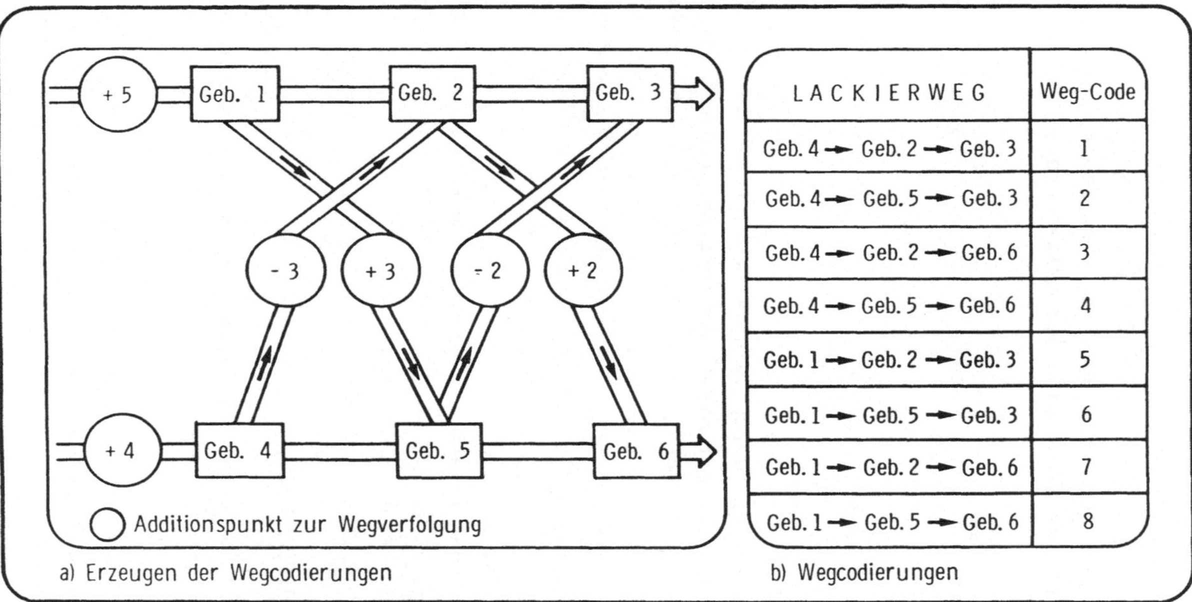

LACKIERWEG	Weg-Code
Geb. 4 → Geb. 2 → Geb. 3	1
Geb. 4 → Geb. 5 → Geb. 3	2
Geb. 4 → Geb. 2 → Geb. 6	3
Geb. 4 → Geb. 5 → Geb. 6	4
Geb. 1 → Geb. 2 → Geb. 3	5
Geb. 1 → Geb. 5 → Geb. 3	6
Geb. 1 → Geb. 2 → Geb. 6	7
Geb. 1 → Geb. 5 → Geb. 6	8

b) Wegcodierungen

Bild 47:   Wegverfolgung mit Hilfe von Wegcodierungen

Als besonders kritisch erwiesen sich bei dieser Analyse
Störungen, die das Lackiersystem aus dem Gleichgewichts-
zustand bringen können. Solche Störungen sind hinsichtlich
Anlagen- und Ablaufstörungen zu differenzieren.
<u>Anlagenstörungen</u> treten auf durch den Ausfall von:

  - Lackierlinien
  - Förderanlagen (Senkrechtförderer, Querförderer
    usw.) oder
  - Puffer (z.B. Hochregalpuffer).

<u>Ablaufstörungen</u> bewirken ein Absinken des Lackierwirkungsgrades.
Der Wirkungsgrad η ist dabei wie folgt definiert:

$$\eta = \frac{\text{Anzahl guter Lackierungen}}{\text{Anzahl Lackierungen}}$$

Die Anzahl der Lackierungen ist durch den maximal möglichen
Durchsatz der Lackieranlagen vorgegeben. Daher führt eine
Verminderung des Wirkungsgrades zu einem erhöhten Umlauf an
unfertigen Einheiten im Decklackbereich, weil der Nach-
schub aus der Vorbehandlung stetig weiterläuft.

Während sich die Störungen des Lackiersystems vom Simulationsmodell direkt erzeugen lassen, sind die Störungen
der benachbarten Bereiche Montage und Versand, die den
Lackierbereich ebenfalls beeinflussen, nur in ihren Auswirkungen abbildbar. Solche Störungen werden dem Modell
über die Grenzbausteine "Quelle" und "Senke" mitgeteilt.
Es kann vorkommen, daß der jeweilige Baustein während
der Störzeit stillsteht, mit verminderter Leistung arbeitet oder daß die Quelle Änderungen bei der Typ-Zusammen-
setzung der erzeugten Lackiereinheiten vornimmt. Solche
Änderungen des"Typ-Mix" können beispielsweise vom Ausfall einer der vorgelagerten Montagelinien herrühren, da
diese Linien nur "typenrein" fertigen. Ändert sich z.B.
das Mischungsverhältnis zu Gunsten der Typen 8 und 1o,
so kann das zu einem "Überlaufen" der Lackvorbehandlung
in Gebäude 4 führen, da diese Typen nur in diesem Gebäude behandelt werden können.

Die Beurteilung der mittels Simulation zu überprüfenden Strategiealternativen erfolgt anhand der im nachfolgenden Kapitel beschriebenen Simulationsergebnisse.

7.4.2.3   Simulationsergebnisse

Die Simulationsergebnisse sollen im folgenden anhand ausgewählter Simulationsläufe demonstriert werden. Dabei werden zuerst
die Ergebnisse eines ungestörten "Normallaufes" aufgezeigt.
Danach werden Daten vorgestellt, die bei simulierten Störungen des Einganges zum Gebäude 1 (vgl. Bild 42) gewonnen wurden.

7.4.2.3.1 Ergebnisse bei "normalem" Prozeßverhalten

Um Aussagen über das Verhalten des Simulationsmodells bei stö-
rungsorientierten Simulationsläufen machen zu können, müssen
Vergleichsdaten geschaffen werden.
Dies geschieht durch Erstellung des Vergleichslaufes, welcher
ein "normales" Prozeßverhalten widerspiegelt.

Die Situation im Modell ist bei dieser Simulation gekennzeichnet durch:

- normale Wirkungsgrade bei den verschiedenen
  Decklackanlagen, d.h., keine geplanten Ablaufstörungen

- keine Anlagenstörungen

- Typverteilung entsprechend Bild 44.

Die Bewertung der Läufe läßt sich anhand von

- Durchsatzzahlen,
- Pufferfüllständen und
- Durchlaufzeiten

vornehmen.

Im folgenden sollen verschiedene Möglichkeiten einer Durchlaufzeitbetrachtung für den Vergleichslauf aufgezeigt werden. Die Durchlaufzeit einer Fördereinheit gibt dabei jeweils die Zeitspanne an, während der sich diese Einheit im Lackiersystem aufhält.
Sie berechnet sich damit zu:

DLZ = Systemaustrittstermin - Systemeintrittstermin.

Das Simulationssystem SIMULAP ist in der Lage, sowohl Durchschnittswerte als auch Verteilungen der Durchlaufzeiten anzugeben. Die Durchschnittswerte lassen sich dabei hinsichtlich Lackierweg (Bild 48) und Lackiertyp (Bild 49) aufschlüsseln.

Da der Vergleichslauf mit der Grundfahrstrategie (vgl. dazu Kap. 7.4.3.4) arbeitet, sind die Wege 6 und 8 in Bild 48 nicht vertreten. Die kürzeren Durchlaufzeiten der Wege 5 und 7 sind durch die schnelleren Anlagen der Lackvorbehandlung in Gebäude 1 bedingt. Es lassen sich somit Aussagen über die zu erwartenden Durchlaufzeiten alternativer Förderzweige treffen, womit die notwendigen Entscheidungen an den Strategieeingriffspunkten (vgl. Bild 42) erfolgreicher getroffen werden können. So ist beispielsweise am Eingriffspunkt 1 zu beachten, daß bei allen Lackiereinheiten, die anstelle ins Gebäude 1 nach Gebäude 4 gesteuert werden, mit einer Durchlaufzeiterhöhung von ca. 18% zu rechnen ist.

Die unterschiedlichen Typdurchlaufzeiten resultieren aus den in Kap. 7.4.1 beschriebenen typspezifischen Lackierrestriktionen.
Auffallend bei diesen Durchlaufzeiten ist, daß die Typen, die eine Pulverlackierung erhalten, durchweg höhere Durchlaufzeiten besitzen.

Mit Hilfe von Häufigkeitsverteilungen der Durchlaufzeiten läßt sich ein optischer Eindruck des Durchlaufverhaltens der Lackiereinheiten gewinnen. Bild 50 zeigt die Verteilung der Durchlaufzeiten eines normalen Arbeitstages (= Vergleichslauf). In diesem Bild sind die Durchlaufzeiten aller Lackiereinheiten erfaßt, die das Lackierungssystem an diesem Tag verlassen haben.

```
,------------------------STATISTIK DLZ PRO WEG---------------------------
I                                                                       I
I                  NAME DES SIMULATIONSLAUFES: VERGLEICHSLAUF           I
I                  LAUFENDE SIMULATIONSZEIT  : 1600                     I
I                                                                       I
I    2000I                                                              I
I        I                                                             I
I DLZ    I                                                              I
I        I                                                             I
I        I           ****                                              I
I        I ****      ****                ****                          I
I        I ****      ****      ****      ****                          I
I        I ****      ****      ****      ****                          I
I        I ****      ****      ****      ****      ****        ****     I
I        I ****      ****      ****      ****      ****        ****     I
I    1000I ****      ****      ****      ****      ****        ****     I
I        I ****      ****      ****      ****      ****        ****     I
I        I ****      ****      ****      ****      ****        ****     I
I        I ****      ****      ****      ****      ****        ****     I
I        I ****      ****      ****      ****      ****        ****     I
I        I ****      ****      ****      ****      ****        ****     I
I        I ****      ****      ****      ****      ****        ****     I
I        I ****      ****      ****      ****      ****        ****     I
I        I ****      ****      ****      ****      ****        ****     I
I        I ****      ****      ****      ****      ****        ****     I
I --------------------------------------------------------------------
I        I 1524 I 1653 I 1409 I 1548 I 1291 I    0 I 1229 I    0 I
I --------------------------------------------------------------------
I   WEG     1      2      3      4      5      6      7      8
I
```

Bild 48: Wegbezogene Durchlaufzeiten

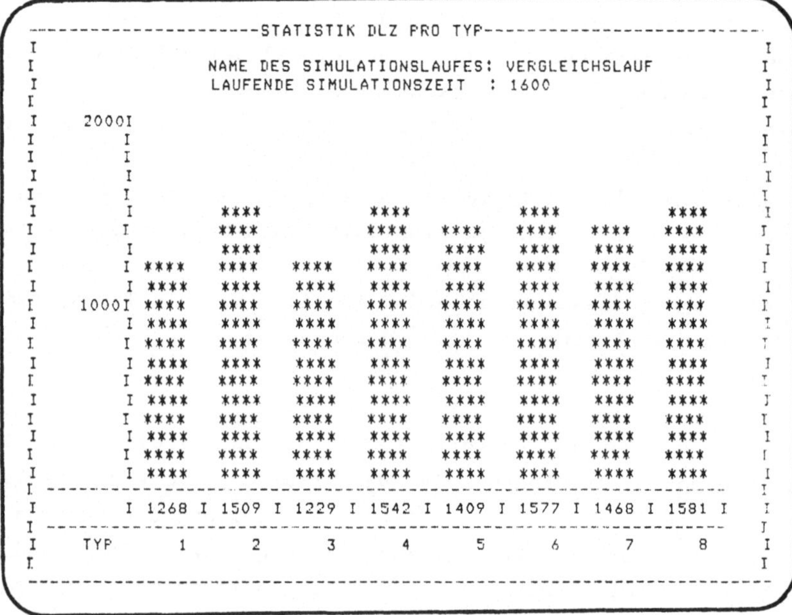

```
-------------------------STATISTIK DLZ PRO TYP--------------------------
I                                                                       I
I                  NAME DES SIMULATIONSLAUFES: VERGLEICHSLAUF           I
I                  LAUFENDE SIMULATIONSZEIT  : 1600                     I
I                                                                       I
I    2000I                                                              I
I        I                                                             I
I        I                                                             I
I        I                                                             I
I        I                                                             I
I        I           ****                ****                ****           ****     I
I        I           ****                ****      ****      ****      ****  ****     I
I        I           ****                ****      ****      ****      ****  ****     I
I        I ****      ****      ****      ****      ****      ****      ****  ****     I
I        I ****      ****      ****      ****      ****      ****      ****  ****     I
I    1000I ****      ****      ****      ****      ****      ****      ****  ****     I
I        I ****      ****      ****      ****      ****      ****      ****  ****     I
I        I ****      ****      ****      ****      ****      ****      ****  ****     I
I        I ****      ****      ****      ****      ****      ****      ****  ****     I
I        I ****      ****      ****      ****      ****      ****      ****  ****     I
I        I ****      ****      ****      ****      ****      ****      ****  ****     I
I        I ****      ****      ****      ****      ****      ****      ****  ****     I
I        I ****      ****      ****      ****      ****      ****      ****  ****     I
I        I ****      ****      ****      ****      ****      ****      ****  ****     I
I --------------------------------------------------------------------
I        I 1268 I 1509 I 1229 I 1542 I 1409 I 1577 I 1468 I 1581 I
I --------------------------------------------------------------------
I   TYP     1      2      3      4      5      6      7      8
I
```

Bild 49: Typbezogene Durchlaufzeiten

```
-----------------VERTEILUNG DER DURCHLAUFZEITEN----------------    --
I                                                                      I
I           NAME DES SIMULATIONSLAUFES: NORMALLAUF                     I
I           LAUFENDE SIMULATIONSZEIT:    1600                          I
I                                                                 ABS. I
I           REL. HAEUFIGKEIT      0.078                    0.157 WERT I
I             I---------------------------------I-----------------I --.-+ I
I1130-1139 **                                                      12 I
I1140-1149 ***                                                     19 I
I1150-1159 **                                                      10 I
I1160-1169 *                                                       .3 I
I1170-1179 **                                                      11 I
I1180-1189 *******************                                    101 I
I1190-1199 ***********************************************        272 I
I1200-1209 ***************************                            147 I
I1210-1219 *****                                                   25 I
I1220-1229 *                                                        6 I
I1230-1239 ***                                                     15 I
I1240-1249 ******                                                  35 I
I1250-1259 *******                                                 38 I
I1260-1269 ********                                                45 I
I1270-1279 ******                                                  30 I
I1280-1289 ***                                                     17 I
I1290-1299 *                                                        7 I
I1300-1309 ******                                                  31 I
I1310-1319 ****************                                        84 I
I1320-1329 ******************                                      98 I
I1330-1339 ********                                                44 I
I1340-1349 ***                                                     14 I
I1350-1359 **                                                      11 I
I1360-1369 *                                                        7 I
I1370-1379 ***                                                     17 I
I1380-1389 ***                                                     14 I
I1390-1399 ****                                                    23 I
I1400-1409 ******                                                  35 I
I1410-1419 *********                                               57 I
I1420-1429 ********                                                46 I
I1430-1439 *******                                                 37 I
I1440-1449 ******                                                  30 I
I1450-1459 ***                                                     17 I
I1460-1469 ***                                                     17 I
I1470-1479 ****                                                    20 I
I1480-1489 ***                                                     16 I
I1490-1499 *                                                        5 I
I1500-1509 ***                                                     15 I
I1510-1519 ***                                                     15 I
I1520-1529 *****                                                   25 I
I1530-1539 *****                                                   25 I
I1540-1549 ***                                                     16 I
I1550-1559 ***                                                     15 I
I1560-1569 ***                                                     18 I
I1570-1579 *                                                        7 I
I1580-1589 ************************************                   182 I
I         I--------------------------------I----------------------I ---- I
I    ZEIT-                                         SUMME =  1734 I
I    KLASSE                                                            I
I                   ERFASSTE EINHEITEN:ALLE                            I
-----------------------------------------------------------------------
```

Bild 50: Verteilung der Durchlaufzeiten aller Lackiereinheiten

Es fällt auf, daß bei bestimmten Durchlaufzeiten Häufungen auftreten. Will man nun die Verursacher dieser Spitzen charakterisieren, so lassen sich mit Hilfe von Filtern nur bestimmte Gruppen erfassen. Die Durchlaufzeiten der übrigen Lackiereinheiten werden nicht aufgenommen.

Eine Auflösung aller Durchlaufzeiten in Bild 5o nach spritzlackierten und pulverlackierten Lackiereinheiten ist aus den Bildern 51 und 52 ersichtlich.

Ein Vergleich dieser drei Histogramme zeigt, daß die Spitzenwerte bei den höheren Durchlaufzeiten durchweg durch die pulverlackierten Lackiereinheiten bedingt sind.

In den Bildern 53 und 54 ist eine weitere Auflösungs-möglichkeit dargestellt. Hier sind alle Lackierein-heiten nach dem Systemaustrittsort klassifiziert.
Bild 53 enthält alle Durchlaufzeiten der Lackierein-heiten, die über Gebäude 3 zum Versand gelangt sind.
Bild 54 enthält alle Durchlaufzeiten der Lackierein-heiten, die das System über Gebäude 6 verlassen haben.

7.4.2.3.2 Ergebnisse der Störungsstudie

Im folgenden sollen Ergebnisse aufgezeigt werden, die bei Störungen des Hauptlackierzugangs erreicht wurden.
Bei der Simulation dieser Störung am Eingang in Ge-bäude 1 geht man in folgenden Schritten vor:
Ausgehend vom eingeschwungenen Zustand (vgl. Kap. 7.2.2.2) wer-den jeweils folgende Parameter gesetzt:

- Störungsdauer 20 Min.
- Störungsdauer 40 Min.
- Störungsdauer 60 Min.
- Störungsdauer 120 Min.

Diese Störungen werden jeweils am Beginn des Produktionstages aufgegeben.

Zusätzlich zu den Störläufen wird noch ein Folgelauf (Dauer: 1 Produktionstag) auf den 120-Min.-Störlauf aufgesetzt, um

```
-------------------VERTEILUNG DER DURCHLAUFZEITEN--------------------
I                                                                    I
I           NAME DES SIMULATIONSLAUFES: NORMALLAUF SPRITZ           I
I           LAUFENDE SIMULATIONSZEIT:    1600                       I
I                                                               ABS. I
I           REL. HAEUFIGKEIT      0.128              0.257 WERT I
I           I-----------------------I----------------------I ---- I
I1130-1139 **                                                   12 I
I1140-1149 ***                                                  19 I
I1150-1159 **                                                   10 I
I1160-1169 *                                                     3 I
I1170-1179 **                                                   11 I
I1180-1189 ********************                                 101 I
I1190-1199 ***********************************************     272 I
I1200-1209 ****************************                        147 I
I1210-1219 *****                                                25 I
I1220-1229                                                       0 I
I1230-1239 *                                                     1 I
I1240-1249                                                       0 I
I1250-1259 *                                                     3 I
I1260-1269 **                                                    9 I
I1270-1279 *                                                     4 I
I1280-1289 *                                                     5 I
I1290-1299                                                       0 I
I1300-1309 *****                                                29 I
I1310-1319 ***************                                      83 I
I1320-1329 ******************                                   98 I
I1330-1339 ********                                             44 I
I1340-1349 ***                                                  14 I
I1350-1359 *                                                     4 I
I1360-1369 *                                                     2 I
I1370-1379 *                                                     6 I
I1380-1389 *                                                     3 I
I1390-1399 *                                                     2 I
I1400-1409 **                                                   11 I
I1410-1419 *****                                                26 I
I1420-1429 *****                                                28 I
I1430-1439 ****                                                 21 I
I1440-1449 *                                                     8 I
I1450-1459 *                                                     3 I
I1460-1469 *                                                     3 I
I1470-1479 *                                                     3 I
I1480-1489 *                                                     1 I
I1490-1499                                                       0 I
I1500-1509 *                                                     4 I
I1510-1519 *                                                     5 I
I1520-1529 *                                                     8 I
I1530-1539 *                                                     7 I
I1540-1549 *                                                     3 I
I1550-1559 *                                                     1 I
I1560-1569 *                                                     1 I
I1570-1579                                                       0 I
I1580-1589 ***                                                  19 I
I           I-----------------------I----------------------I ---- I
I   ZEIT-                                       SUMME =    1059 I
I   KLASSE                                                           I
I                    ERFASSTE EINHEITEN:SPR.                        I
--------------------------------------------------------------------
```

Bild 51: Verteilung der Durchlaufzeiten der spritzlackierten
         Einheiten

```
------------------------VERTEILUNG DER DURCHLAUFZEITEN------------ ----
I                                                                      I
I          NAME DES SIMULATIONSLAUFES: NORMALLAUF PULVER               I
I          LAUFENDE SIMULATIONSZEIT:    1600                           I
I                                                              ABS.     I
I          REL. HAEUFIGKEIT         0.121            0.241 WERT         I
I          I------------------------I------------------------I ----    I
I1130-1139                                                      0  I
I1140-1149                                                      0  I
I1150-1159                                                      0  I
I1160-1169                                                      0  I
I1170-1179                                                      0  I
I1180-1189                                                      0  I
I1190-1199                                                      0  I
I1200-1209                                                      0  I
I1210-1219                                                      0  I
I1220-1229 **                                                   6  I
I1230-1239 ****                                                14  I
I1240-1249 **********                                          35  I
I1250-1259 **********                                          35  I
I1260-1269 **********                                          36  I
I1270-1279 ********                                            26  I
I1280-1289 ****                                                12  I
I1290-1299 **                                                   7  I
I1300-1309 *                                                    2  I
I1310-1319 *                                                    1  I
I1320-1329                                                      0  I
I1330-1339                                                      0  I
I1340-1349                                                      0  I
I1350-1359 **                                                   7  I
I1360-1369 **                                                   5  I
I1370-1379 ***                                                 11  I
I1380-1389 ***                                                 11  I
I1390-1399 *****                                               21  I
I1400-1409 ******                                              24  I
I1410-1419 *********                                           31  I
I1420-1429 ******                                              18  I
I1430-1439 *****                                               16  I
I1440-1449 *******                                             22  I
I1450-1459 ****                                                14  I
I1460-1469 ****                                                14  I
I1470-1479 *****                                               17  I
I1480-1489 *****                                               15  I
I1490-1499 **                                                   5  I
I1500-1509 ***                                                 11  I
I1510-1519 ***                                                 10  I
I1520-1529 *****                                               17  I
I1530-1539 ******                                              18  I
I1540-1549 ****                                                13  I
I1550-1559 ****                                                14  I
I1560-1569 *****                                               17  I
I1570-1579 **                                                   7  I
I1580-1589 *************************************************** 163 I
I          I------------------------I------------------------I ----  I
I   ZEIT-                                        SUMME =     675 I
I   KLASSE                                                       I
I                     ERFASSTE EINHEITEN:PULV                    I
------------------------------------------------------------------------
```

Bild 52: Verteilung der Durchlaufzeiten der pulverlackierten
         Einheiten

```
-----------------------VERTEILUNG DER DURCHLAUFZEITEN-------------------
I                                                                      I
I            NAME DES SIMULATIONSLAUFES: NORMAL AUSG. GEB. 3           I
I            LAUFENDE SIMULATIONSZEIT:    1600                         I
I                                                                 ABS. I
I            REL. HAEUFIGKEIT       0.095              0.191 WERT I
I        I------------------------I------------------------I ----  0 I
I1130-1139                                                         0 I
I1140-1149                                                         0 I
I1150-1159                                                         0 I
I1160-1169                                                        .0 I
I1170-1179 **                                                      9 I
I1180-1189 ******************                                     99 I
I1190-1199 *****************************************************  271 I
I1200-1209 *****************************                         147 I
I1210-1219 ****                                                   24 I
I1220-1229 *                                                       6 I
I1230-1239 ***                                                    14 I
I1240-1249 ******                                                 35 I
I1250-1259 ******                                                 35 I
I1260-1269 *******                                                36 I
I1270-1279 *****                                                  26 I
I1280-1289 **                                                     12 I
I1290-1299 *                                                       7 I
I1300-1309 ******                                                 30 I
I1310-1319 ****************                                       84 I
I1320-1329 *****************                                      94 I
I1330-1339 ********                                               43 I
I1340-1349 **                                                     13 I
I1350-1359 *                                                       1 I
I1360-1369 *                                                       1 I
I1370-1379 *                                                       5 I
I1380-1389 *                                                       8 I
I1390-1399 **                                                     13 I
I1400-1409 *****                                                  28 I
I1410-1419 *******                                                37 I
I1420-1429 ******                                                 32 I
I1430-1439 *****                                                  26 I
I1440-1449 ***                                                    17 I
I1450-1459 *                                                       7 I
I1460-1469 *                                                       8 I
I1470-1479 *                                                       8 I
I1480-1489 **                                                     10 I
I1490-1499 *                                                       4 I
I1500-1509 **                                                     12 I
I1510-1519 **                                                     12 I
I1520-1529 ****                                                   22 I
I1530-1539 ****                                                   21 I
I1540-1549 ***                                                    15 I
I1550-1559 ***                                                    15 I
I1560-1569 ***                                                    16 I
I1570-1579 *                                                       6 I
I1580-1589 *********************                                 110 I
I        I------------------------I------------------------I ----  I
I   ZEIT-                                        SUMME =   1419 I
I   KLASSE                                                        I
I                   ERFASSTE EINHEITEN:GEB3                       I
------------------------------------------------------------------------
```

Bild 53: Verteilung der Durchlaufzeiten der Lackiereinheiten
mit Ausgang Gebäude 3

```
-----------------VERTEILUNG DER DURCHLAUFZEITEN-------------------
I                                                                  I
I          NAME DES SIMULATIONSLAUFES: NORMAL AUSG. GEB. 6         I
I          LAUFENDE SIMULATIONSZEIT:    1600                       I
I                                                             ABS. I
I          REL. HAEUFIGKEIT      0.114              0.229 WERT I
I          I-------------------------I----------------------I ---- I
I1130-1139 ********                                           12 I
I1140-1149 *************                                      19 I
I1150-1159 ******                                            10 I
I1160-1169 **                                                 3 I
I1170-1179 *                                                  2 I
I1180-1189 *                                                  2 I
I1190-1199 *                                                  1 I
I1200-1209                                                    0 I
I1210-1219 *                                                  1 I
I1220-1229                                                    0 I
I1230-1239 *                                                  1 I
I1240-1249                                                    0 I
I1250-1259 **                                                 3 I
I1260-1269 ******                                             9 I
I1270-1279 ***                                                4 I
I1280-1289 ***                                                5 I
I1290-1299                                                    0 I
I1300-1309 *                                                  1 I
I1310-1319                                                    0 I
I1320-1329 ***                                                4 I
I1330-1339 *                                                  1 I
I1340-1349 *                                                  1 I
I1350-1359 *******                                           10 I
I1360-1369 ****                                               6 I
I1370-1379 ********                                          12 I
I1380-1389 ****                                               6 I
I1390-1399 *******                                           10 I
I1400-1409 *****                                              7 I
I1410-1419 ***************                                   20 I
I1420-1429 **********                                        14 I
I1430-1439 ********                                          11 I
I1440-1449 *********                                         13 I
I1450-1459 *******                                           10 I
I1460-1469 ******                                             9 I
I1470-1479 ********                                          12 I
I1480-1489 ****                                               6 I
I1490-1499 *                                                  1 I
I1500-1509 **                                                 3 I
I1510-1519 **                                                 3 I
I1520-1529 **                                                 3 I
I1530-1539 ***                                                4 I
I1540-1549 *                                                  1 I
I1550-1559                                                    0 I
I1560-1569 *                                                  2 I
I1570-1579 *                                                  1 I
I1580-1589 *************************************************** 72 I
I         I-------------------------I----------------------I ---- I
I   ZEIT-                                        SUMME =   315 I
I   KLASSE                                                      I
I                    ERFASSTE EINHEITEN:GEB6                    I
------------------------------------------------------------------
```

Bild 54: Verteilung der Durchlaufzeiten der Lackiereinheiten
         mit Ausgang Gebäude 6

auch die Auswirkungen auf den nachfolgenden Produktionstag aufzeigen zu können.

Die Auswirkungen von Störungen lassen sich anhand der Durchlaufzeit (vgl. Kapitel 7.4.3.3.1) und auch anhand der Durch-
satz- und Pufferbelegungszahlen darstellen. Im folgenden soll
eine Störungsdiskussion anhand ausgewählter Durchsätze und
Pufferbelegungen vorgenommen werden. Die erreichten Werte
werden jeweils dem Vergleichslauf gegenübergestellt.

Die Kurve 2 in Bild 55 zeigt die direkten Auswirkungen der

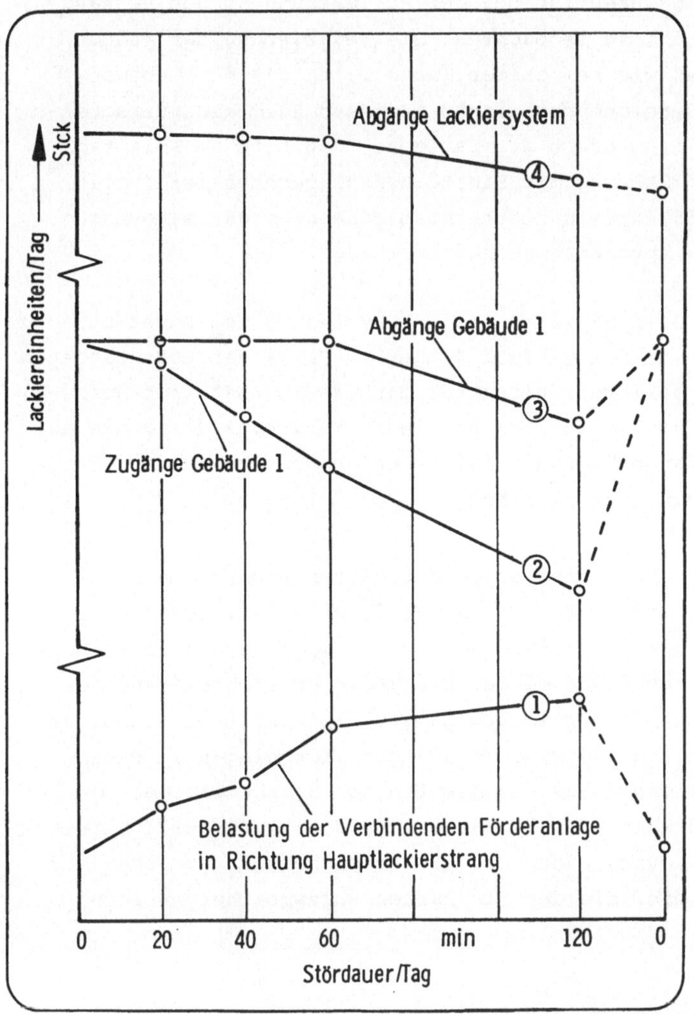

Bild 55: Durch-
satzzahlen des
Lackiersystems
bei Störung des
Eingangs Geb. 1

Störung. Mit zunehmender Stördauer vermindert sich,
wie zu erwarten war, direkt proportional die Anzahl
einlaufender Lackiereinheiten in den gestörten Eingang
des Gebäudes 1. Betrachtet man die Abgänge dieses Gebäudes (Kurve 3, Bild 55), so erkennt man, daß ab einer
Stördauer von ca. 60 Minuten Störauswirkungen festzu-
stellen sind. Das bedeutet, daß die Lackvorbehandlung
in der Lage ist, Störungen bis zu einer Stunde auszugleichen, falls die Störung auf ein System mit mittlerer
Puffer- und Bandbelegung trifft.

Ein ähnliches Absinken ist bei der Ablieferung an den Versand
(Kurve 4, Bild 55) zu beobachten. Die Reduzierung hat jedoch
nicht das Ausmaß wie bei obiger Kurve 3, da die dem Gebäude 1
nachfolgenden Bereiche noch einen gewissen Ausgleich verschaf-
fen. Bedeutsam ist jedoch die Tatsache, daß noch am Folgetag
der 120-Minuten-Störung mit Einbrüchen zu rechnen ist (vgl.
Kurve 4, Bild 55), falls nicht entsprechende organisatorische
Maßnahmen (z.B. Überzeit) getroffen werden.

Die Kurve 1 in Bild 56 zeigt die max. Belegung des Power-and
Free-Förderers vor dem Gebäude 4, der im Falle der beschriebenen
Störungen die Lackiereinheiten für Gebäude 1 zusätzlich aufzunehmen hat. Da die Pufferwirkung dieses Förderers durch die Anzahl seiner Gehänge begrenzt ist, kann er nur Störungen von
ca. 20 - 30 Minuten ausgleichen.

Ein unerwartetes Verhalten zeigt der Puffer hinter den Decklackanlagen im Gebäude 2 (vgl. Kurve 2, Bild 56). Sein Inhalt
steigt bis zur 60-Minuten-Störung um ca. 30 % an und sinkt beim
120-Minuten-Störungslauf wieder bis knapp unter den Stand des
Vergleichslaufes. Die Erklärung hierfür ist darin zu sehen, daß
bei Störungen bis zu 60 Minuten die Decklackanlagen im Gebäude 2 noch ausreichend aus dem gepufferten Bestand in Gebäude 1
versorgt werden können (vgl. Kurve 3 Bild 55). Zusätzlich treffen bei einer Störung aber noch Lackiereinheiten für Gebäude 2
über Gebäude 4 ein, die dann im Puffer abgespeichert werden

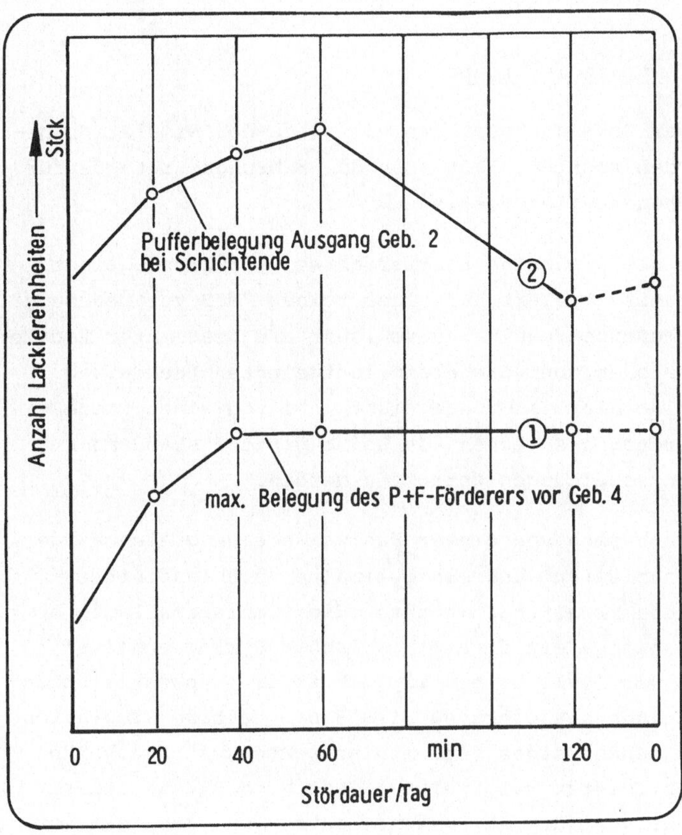

Bild 56: Pufferbelegung des Lackiersystems bei Störung des
Eingangs Gebäude 1

müssen. Die Kurve 1 in Bild 55 zeigt den Verlauf dieser
gesteigerten Anlieferung nach Gebäude 2 über die verbindenden Förderanlagen. Hier erhöhen sich die Durchlauf-
zahlen mit größerer Störzeit. Es läßt sich jedoch ab
ca. 6o Minuten Stördauer ein Sättigungseffekt beobachten,
welcher mit der Kapazitätsgrenze der Lackvorbehandlung
in Gebäude 4 zu erklären ist. Das bedeutet, daß die maximale Belastung der verbindenden Förderanlage von Gebäude 4
nach Gebäude 2, die infolge einer Störung des Einganges
in Gebäude 1 auftreten kann, damit etwa bei 14o% der
Grundlast liegen dürfte.

7.4.2.4 <u>Strategievorgabe</u>

Aufgrund der Erkenntnisse, die mit Hilfe der Simulation gewonnen werden konnten, läßt sich die Führungsstrategie für
das Lackierungssystem festlegen.

Dazu wurde die bisherige Lackierfahrweise zugrundegelegt.
Diese Fahrweise basiert auf einer reinen "Mußtypenregelung".
Bei einer Mußtypenregelung durchläuft ein bestimmter Lackiertyp den gleichen von vornherein festgelegten Lackierweg.
Man kann also hier im Grunde nicht mehr von einer Prozeßführungsstrategie sprechen, da keine prozeßzustandsab-
hängigen Entscheidungen getroffen werden.

Man versprach sich von dieser Fahrweise eine gleichmäßige
Kapazitätsauslastung und ein optimales Durchlaufzeitver-
halten. Diese Erwartungen konnten die Simulationsläufe bestätigen, solange ein deterministisches Systemverhalten [1]
vorgegeben war (vgl. dazu beispielhaft die typspezifischen
Durchlaufzeiten entsprechend Bild 57a). Weitere Simulationsläufe, bei denen obiges deterministisches Systemverhalten
nicht gewährleistet war, zeigten jedoch, daß eine starre
Mußtypenregelung für den Praxiseinsatz nicht geeignet ist.
So reagiert das Simulationsmodell bei einem solchen Systemverhalten, welches der Realität entspricht, beispielsweise
mit einem starken Ansteigen der typspezifischen Durchlaufzeiten (vgl. Bild 57b). Der Grund für diese ungünstige
Systembeeinflussung ist die Inflexibilität der starren Mußtypenregelung. Denn sollte der vorprogrammierte Weg einer
Lackiereinheit belegt sein, so muß diese Einheit, auch
wenn eine Parallelanlage frei wäre, vor dem Pflichtweg
warten. Dadurch kommt es dann zu einer Art Kettenreaktion,
da die wartende Einheit den nachfolgenden Lackiereinheiten
den Weg zur freien Anlage versperrt.

---

1) Ein deterministisches Systemverhalten liegt vor, wenn
   die Typvermischung und die Menge der ins System ein-
   tretenden Lackiereinheiten nicht variiert und keine
   Störungen (vgl. Kap. 7.4.2.2) im System auftreten.

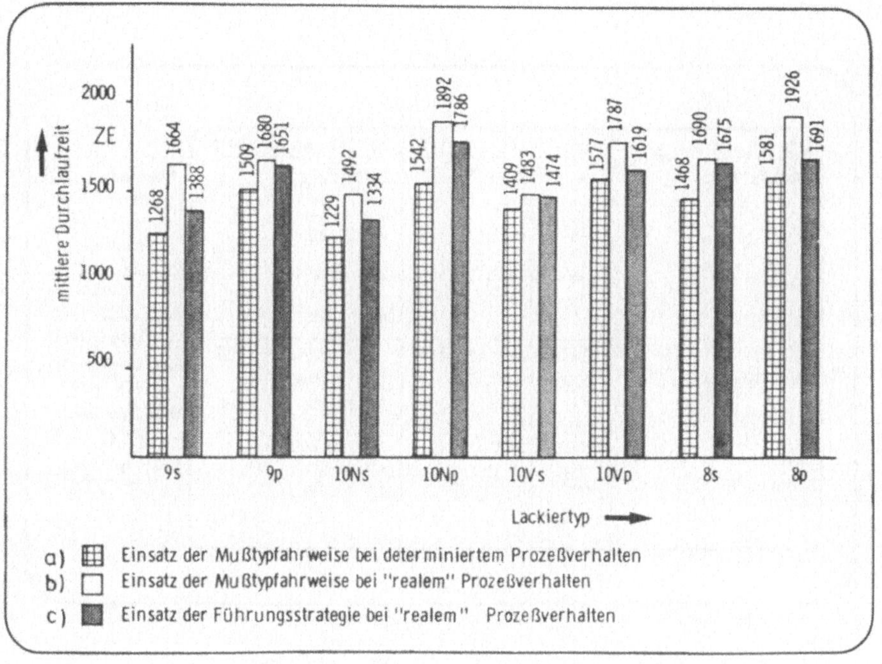

Bild 57: Vergleich zweier Systemfahrweisen anhand der
typspezifischen[1] Durchlaufzeiten

Um diese Nachteile zu vermeiden, wurde der Einsatz einer
Prozeßführungsstrategie vorgeschlagen. Bei der Entwicklung der einzusetzenden Strategien wurden die prozeßdyna-
mischen Attribute der Elemente "Fördergut" und "Förderstrecke" miteinbezogen (vgl. dazu Kap. 6.2.1.2). Die Ergebnisse der im folgenden vorgestellten Führungsstrategie
zeigt Bild 57c.

Die einzusetzende Führungsstrategie basiert auf einer typbezogenen
Grundfahrweise[2] (Bild 58).

---

1) Die verwendete Typcodierung ist Bild 44 zu entnehmen.
2) Diese Grundfahrweise entspricht der oben beschriebenen "Mußtypenregelung".

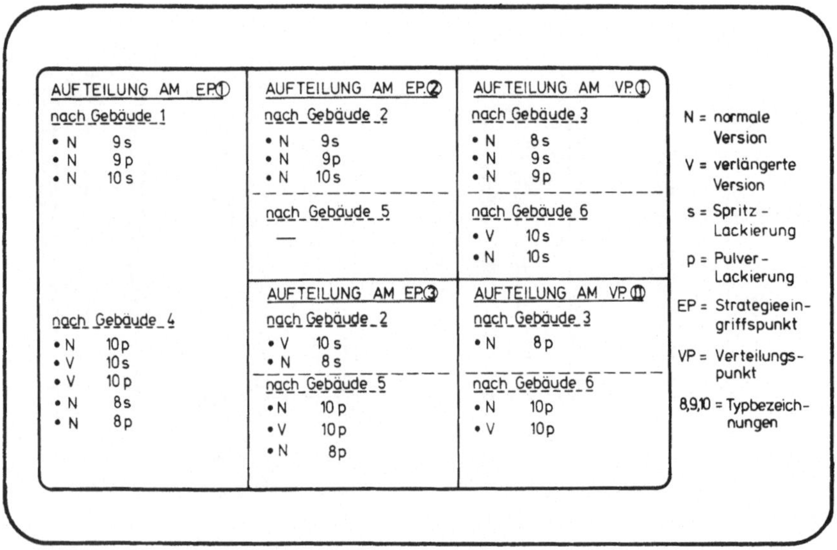

Bild 58:   Typbezogene Grund-Fahrweise der Führungsstrategie
           bei normalem Ablauf

Inhalt der Führungsstrategie ist, daß diese reine typ-
abhängige Fahrweise möglichst lange eingehalten wird.
Erst beim Überschreiten von sogenannten Wechsellinien
darf hiervon abgewichen werden. Diese Reaktion soll anhand des Strategieeingriffspunktes 1 näher beleuchtet
werden. Die Wechsellinien sind an diesem Punkt puffer-
füllstandsabhängig ausgelegt (Bild 59).

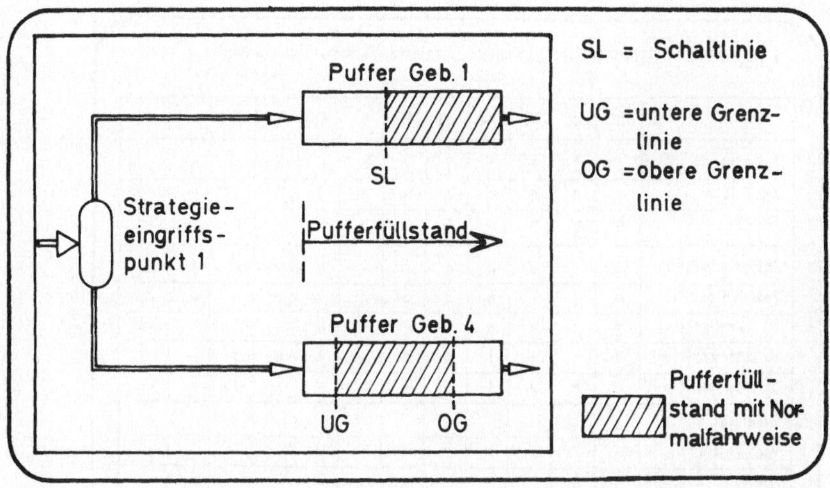

Bild 59: Steuern des Ablaufs am Strategieeingriffspunkt 1
mit Hilfe der Pufferfüllstandsüberwachung

Die Lage der Wechsellinien ist so auszurichten, daß die Gefahr einer Versorgungslücke für nachfolgende Bereiche mini-
miert wird. Zu berücksichtigen sind dabei:

- die Pufferanschlußzahl PAZ, [1]
- das Pufferfassungsvermögen,
- die Restriktion des Produktionsprogramms und
- die dynamischen Einflußgrößen wie Typverteilung,
  Störverteilung, Durchsatzschwankungen.

Für die jeweiligen vorherrschenden Bedingungen ist eine eindeutige Zuordnung der Maßnahmen zu gewährleisten. Eine sehr
gute Darstellungsmöglichkeit dieser Zuordnung bieten Entschei-
dungstabellen /37/. Eine solche Entscheidungstabelle für den
Eingriffspunkt 1 ist Bild 60 zu entnehmen.

---

[1] $PAZ = \dfrac{\text{minimale Durchlaufzeit des Puffers}}{\text{Taktzeit der nachfolgenden Anlage}}$

j ja, n nein, OG obere Grenzlinie, UG untere Grenzlinie, SL Schaltlinie, R Regel

	R1	R2	R3	R4	R5	R6	R7	R8	R9	R10	R11	R12
Typ N 10 p?	j	j	j	j	j	j	n	n	n	n	n	n
Typ N 10 s?	n	n	n	n	n	n	j	j	j	j	n	n
Typ 8?	n	n	n	n	n	n	n	n	n	n	j	j
Puffer 4 gefüllt?	j	-	n	n	n	n	-	n	-	n	j	n
Puffer 1 gefüllt?	n	j	-	n	n	n	j	-	n	n	-	-
OG überschritten?	j	j	n	n	-	j	-	n	-	n	-	-
UG unterschritten?	n	n	-	j	n	n	n	j	n	j	-	-
SL unterschritten?	-	n	n	j	j	n	n	n	-	j	-	-
nach Ziel 1	x				x				x	x		
nach Ziel 4			x	x				x				x
warten		x				x	x				x	

Bild 60 : Vollständige, reduzierte Entscheidungstabelle zum
Steuern des Ablaufes am Eingriffspunkt 1

Im Bedingungsanzeigerfeld dieser Entscheidungstabelle kommen
nur die Alternativen "ja" (j) oder "nein" (n) vor. Ein Strich
(-) zeigt an, daß die Bedingung in einer Regel bedeutungslos
ist.

Die vorliegende Arbeit zeigt eine Systematik auf, mit der eine
optimale "Prozeßführungsstrategie"[1] für ein automatisiertes
Fördersystem ermittelt werden kann. Eine Prozeßführungsstrategie
setzt sich dabei aus einer endlichen Anzahl an "Punktstrategien"[1] zusammen, welche jeweils an den Knotenpunkten eines
Förderstreckennetzes angreifen.

Um eine Führungsstrategie festlegen zu können, ist es jedoch
vorab erforderlich, die Strukturen automatisierter Fördersysteme allgemeingültig zu beschreiben.

Eine solche Beschreibung bildet den ersten Teil dieser Arbeit:
Darin wird zwischen Automatisierungs- und Förderbereich unterschieden. Um die Einwirkorte der Führungsstrategie lokalisieren
zu können, ist eine Aufgliederung des Förderbereiches notwendig.
Eine solche Aufliederung führt zu den Elementen "Quelle"
(= Systemeingang), "Förderstrecke", "Senke" (= Systemausgang)
und "Knotenpunkte" (= Einwirkorte einer Führungsstrategie).

Im zweiten Teil dieser Arbeit wird eine Vorgehensweise beschrieben, welche den Aufbau alternativer Führungsstrategien zum Ziel
hat: Der zu untersuchende Förderbereich ist dabei mit Hilfe der
oben beschriebenen Elemente als Fördergraph darzustellen. Jedem
Knotenpunkt sind dann geeignete "Punktstrategien" zuzuordnen.
Dieser Zuordnungsvorgang wird durch eine Klassifizierung der
Knotenpunkte erleichtert.

---

1) Zur Definition von "Prozeßführungsstrategie" und "Punkt-
   strategie" vergleiche auch Kap. 3 und Kap. 6.2.

Der dritte Teil dieser Arbeit zeigt die Beurteilung und damit
die Auswahl geeigneter Strategien durch eine Nutzwertanalyse
sowie durch Simulationsläufe auf. Für die Simulationsläufe
ist dafür der Simulator SIMULAP entwickelt worden, welcher
speziell auf die Überprüfung von Führungsstrategien abgestimmt
ist. Dieser Simulator zeichnet sich dadurch aus, daß der Anwender im Regelfall keine Programmierkenntnisse besitzen muß.
Er erlaubt eine schnelle Änderung der zu überprüfenden Führungsstrategie durch ein einfaches Setzen von Strategieparametern.

Die in dieser Arbeit beschriebene Systematik ist somit eine
praktikable Möglichkeit, die Prozeßführunsstrategie für ein
automatisiertes Fördersystem schon in der Planungsphase zu
optimieren. Zukünftig wird es sich sogar anbieten, das Simulationsmodell nicht nur in der Planungsphase, sondern auch
während der Betriebsphase einzusetzen. Dieses parallel zum
Prozeß geschaltete Modell hätte die Aufgabe, die einzusetzende Führungsstrategie "on line" zu ermitteln. Dazu wäre es erforderlich, dem Modell alle relevanten aktuellen Prozeßdaten
mitzuteilen. Basierend auf diesem Ausgangszustand könnten mit
dem Simulationsmodell unterschiedliche Strategiealternativen
im Zeitraffer untersucht und beurteilt werden. Somit wäre man
in der Lage, nicht nur beispielhafte Situationen durchzuspielen,
wie in der Planungsphase, sondern könnte allen Prozeßzuständen
gerecht werden.

A N H A N G

Der nachfolgende Anhang enthält

 die Programmstruktur sowie
 ausgewählte wichtige Programmteile

des Simulators SIMULAP.

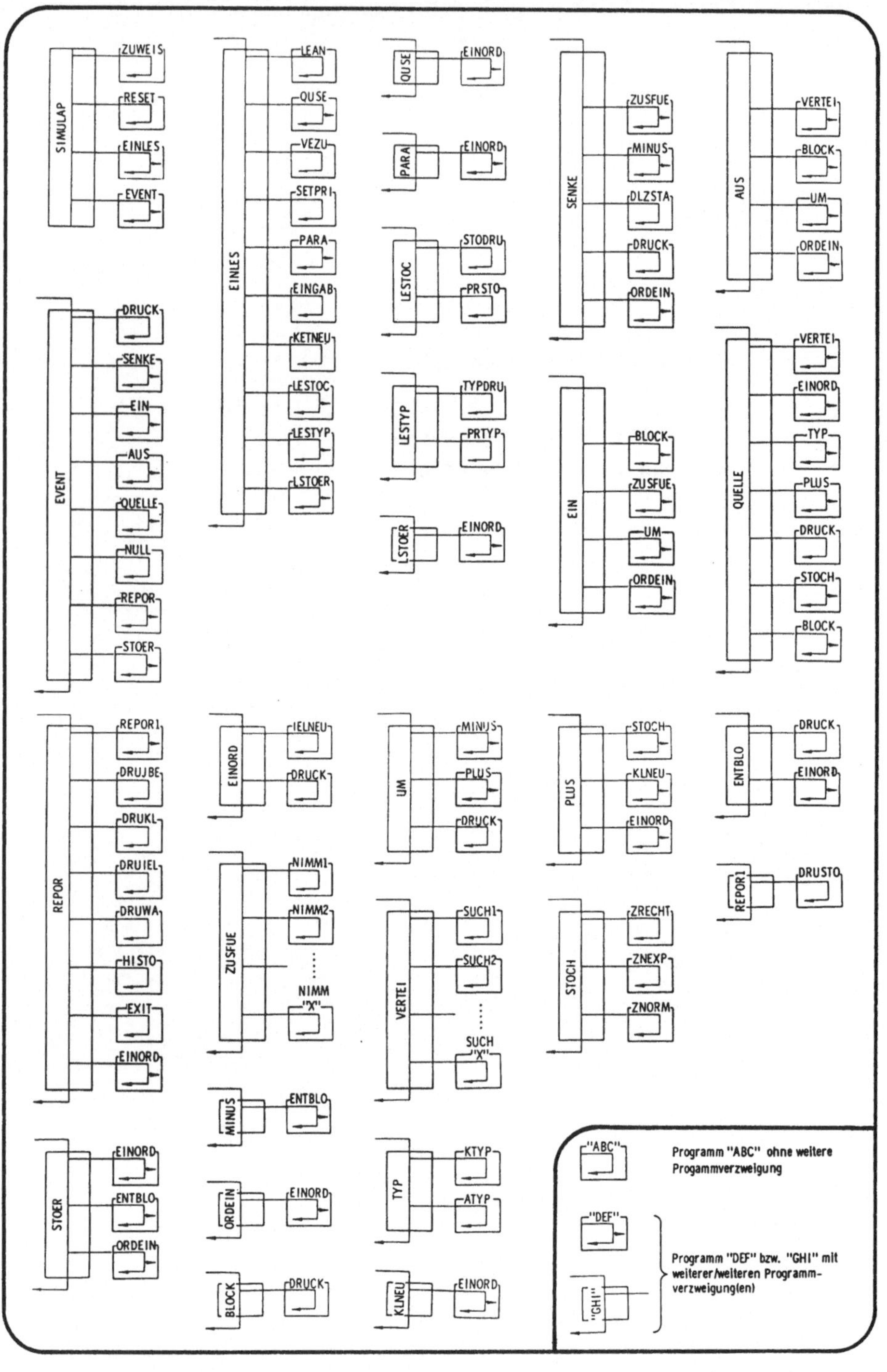

Anhang A0: Programmstruktur des Simulators SIMULAP

```
      SUBROUTINE AUS
CI*****************************************************************I
CI PROGRAMMFUNKTION: UMLAGERN EINER BEWEGLICHEN EINHEIT, WENN      I
CI                   NACHFOLGER IM MODELL EIN VERTEILPUNKT IST     I
CI*****************************************************************I
      COMMON/A1/N,LSZ,I1ST,IEL(215,3),JXX,JXX2
      COMMON/A2/L(400),K(400)
      COMMON/A3/IANN(500),IANL(500,5),IANV(500),ISUM(500),I1FE
      COMMON/A4/LKA,NR
      COMMON/A12/JBE(500,8)
      COMMON/A14/IEZ1,IEZ2,IEZ3,IEZ4,IEZ5,INAVER,INAZUS,INAQ,INAS
C     -------------------------------------------
C     WENN ANLAGE NR KEINE BE ENTHAELT RETURN
C
      IF(K(NR).EQ.0)RETURN
C     ERMITTLUNG NACHFOLGER
      CALL VERTEI(IANN(NR))
      IF(JNN.EQ.0) RETURN
C
C     WENN KAPAZITAET DER NACHFOLGENDEN ANLAGE ERSCHOEPFT IST, AUFRUF
C     VON UP BLOCK
C
      IF(IANL(JNN,2).NE.IANL(JNN,3))GOTO 20
      CALL BLOCK(JNN,NR)
      RETURN
C     -------------------------------------------
C     UMLAGERUNG DER BE UND EVENTUELL NEUE EINORDNUNG VON 'AUS'
C     IN DIE EREIGNISLISTE
20    CALL UM(NR,JNN)
      IF(K(NR).NE.0)CALL ORDEIN(NR,NR)
      RETURN
      END
```

<u>Anhang A1</u>: Unterprogramm "Auslagerung einer Beweglichen Einheit"

```fortran
      SUBROUTINE EIN
CI*******************************************************************I
CI PROGRAMMFUNKTION: UMLAGERN EINER BEWEGLICHEN EINHEIT(BE), WENN I
CI                   NACHFOLGER IM MODELL KEIN VERTEILPUNKT IST    I
CI*******************************************************************I
      COMMON/A1/N,LSZ,I1ST,IEL(215,3),JXX,JXX2
      COMMON/A2/L(400),K(400)
      COMMON/A3/IANN(500),IANL(500,5),IANV(500),ISUM(500),I1FE
      COMMON/A4/LKA,NR
      COMMON/A12/JBE(500,8)
      COMMON/A14/IEZ1,IEZ2,IEZ3,IEZ4,IEZ5,INAVER,INAZUS,INAQ,INAS
C     ----------------------------
C     BLOCKIERUNG DER ANLAGE BEI UEBERSCHREITEN DER KAPAZITAET
C
      IF(IANL(NR,2).NE.IANL(NR,3))GOTO 150
       CALL BLOCK(NR,NR)
      RETURN
C     ---------------------------------
C     BESTIMMEN DES VORGAENGERS
  150 JK=IANV(NR)
      IF(JK.GE.INAZUS)CALL ZUSFUE(JK)
C     ---------------------------------
C     UMLAGERN DER BEWEGLICHEN EINHEIT(BE)
      CALL UM(JK,NR)
C     ---------------------------------
C     NEUEINORDNEN IN DIE EREIGNISLISTE
      JK=IANV(NR)
C     ---------------------------------
C     ABFRAGE, OB VORGAENGER EIN ZUSAMMENFUEHRPUNKT IST
      IF(JK.GE.INAZUS)CALL ZUSFUE(JK)
C     ---------------------------------
C     FALLS IN DER (DEN) VORGELAGERTEN ANLAGEN KEINE
C     BEWEGLICHEN EINHEITEN MEHR VORDEN SIND > RETURN
      IF(JK.EQ.0)RETURN
      IF(K(JK).NE.0)CALL ORDEIN(JK,NR)
      RETURN
      END
```

<u>Anhang A2</u>: Unterprogramm "Einlagerung einer Beweglichen Einheit"

```fortran
      SUBROUTINE EINORD(JZEI,JV1)
CI***********************************************************************I
CI PROGRAMMFUNKTION: EINORDNEN DER EREIGNISSE IN DIE EREIGNIS-    I
C                    KETTE                                        I
CI BEDEUTUNG DER UEBERGEBENEN VARIABLEN: JZEI GIBT DIE EREIGNIS-  I
CI  ZEIT AN, JV1 BEINHALTET DIE EREIGNISADRESSE                   I
CI***********************************************************************I
      COMMON/A1/N,LSZ,I1ST,IEL(215,3),JXX,JXX2
      COMMON/A3/IANN(500),IANL(500,5),IANV(500),ISUM(500),I1FE
      COMMON/A4/LKA,NR
      COMMON/A14/IEZ1,IEZ2,IEZ3,IEZ4,IEZ5,INAVER,INAZUS,INAQ,INAS
      COMMON/A21/ISTA(30)
C     IST JZEI POSITIV WIRD DIE EREIGNISADRESSE JV1 NICHT VERAENDET
C     IST JZEI NEGATIV WIRD DIE EREIGNISADRESSE UMGEWANDELT
C     FALLS NEGATIV: EIN, QUELLE ODER SENKE IST EINZUORDNEN
C     ----------------------------------------------------------
      JV=JV1
      IF(JZEI)10,30,30
C     ----------------------------------------------------------
C     BESTIMMEN DER EREIGNISADRESSE
  10  JZEI=-JZEI
      IF(JV.LT.INAQ)GOTO 11
      IF(JV.LT.INAS)GOTO 12
      IF(JV.GT.INAS-1+IEZ4-IEZ3)STOP 'EINORD'
      JV=JV-INAS+IEZ3+1
      IF(JZEI.LT.IANL(JV1,2))JZEI=IANL(JV1,2)
      GOTO 30
  11  JV=JV+IEZ1
      GOTO30
  12  JV=JV-INAQ+IEZ2+1
C     ----------------------------------------------------------
  30  IF(IEL(JV,2).EQ.0) GOTO 32
      IF(IEL(JV,2).LE.JZEI) RETURN
      CALL IELNEU(JV)
C     ----------------------------------------------------------
C     BEGINN DER EIGENTLICHEN EINORDNUNG
C
  32  IF(ISTA(6).EQ.'J')CALL DRUCK(6,JV,JZEI,0)
      IEL(JV,2)=JZEI
      IF(I1ST.EQ.9999)GOTO70
      IF(JZEI.LT.IEL(I1ST,2))GOTO 70
      IF(JZEI.EQ.IEL(I1ST,2).AND.IEL(JV,1).LE.IEL(I1ST,1))GOTO 70
      INEU=I1ST
  1   JNA=IEL(INEU,3)
      IF(JNA.EQ.9999) GOTO 90
      IF(JZEI.LT.IEL(JNA,2))GOTO 90
      IF(JZEI.EQ.IEL(JNA,2).AND.IEL(JV,1).LE.IEL(JNA,1))GOTO 90
      INEU=JNA
      GOTO1
C     ----------------------------------------------------------
  70  CONTINUE
      IEL(JV,3)=I1ST
      I1ST=JV
      RETURN
  90  IEL(JV,3)=JNA
      IEL(INEU,3)=JV
      RETURN
      END
```

<u>Anhang A3:</u> Unterprogramm "Einordnen der Ereignisse in die
Ereigniskette"

```fortran
      SUBROUTINE EVENT
CI*****************************************************************I
CI PROGRAMMFUNKTION: EREIGNISSTEUERUNG - AUFRUF DER EINZELNE      I
CI                                       EREIGNISSE               I
CI*****************************************************************I
      COMMON/A1/N,LSZ,I1ST,IEL(215,3),JXX,JXX2
      COMMON/A4/LKA,NR
      COMMON/A14/IEZ1,IEZ2,IEZ3,IEZ4,IEZ5,INAVER,INAZUS,INAQ,INAS
      COMMON/A21/ISTA(30)
C     -------------------------------------------------
100   CONTINUE
C     I1ST: NAECHSTE ZU AKTIVIERENDE IEL ZEILE
      IV=I1ST
      IF(IV.EQ.9999)STOP 'EVENT'
      LSZ=IEL(IV,2)
C     -------------------------------------------------
C     AUSDRUCK ABLAUFTRACE
      IF(ISTA(6).EQ.'1'.OR.ISTA(6).EQ.'2')CALL DRUCK(8,0,0,0)
      IF(ISTA(6).EQ.'J')CALL DRUCK(8,0,0,0)
C     -------------------------------------------------
      I1ST=IEL(IV,3)
      IEL(IV,2)=0
      IEL(IV,3)=0
C     -------------------------------------------------
C  ENTSCHEIDUNG OB 'SENKE','QUELLE','AUS' , 'EIN'
C  REPORT,STOER,NULL
C  ALS NAECHSTES AUFGERUFEN WERDEN SOLL
      IF(IV.LE.IEZ1)GOTO 10
      IF(IV.LE.IEZ2)GOTO 20
      IF(IV.LE.IEZ3)GOTO 50
      IF(IV.LE.IEZ4)GOTO 40
      IF(IV.EQ.IEZ4+1)GOTO70
      IF(IV.EQ.IEZ4+2)GOTO 60
      IF(IV.GE.IEZ5)GOTO 80
C------------------------------------------------------
C  VORBEREITUNG ZUM AUFRUF VON UP SENKE2
C
   40 NR=INAS-1+IV-IEZ3
      CALL SENKE
      GOTO 100
C------------------------------------------------------
C  VORBEREITUNG ZUM AUFRUF VON UP EIN
   20 NR=IV-IEZ1
      CALL EIN
      GOTO 100
C------------------------------------------------------
C  VORBEREITUNG ZUM AUFRUF VON UP AUS
C
   10 NR=IV
      CALL AUS
      GOTO 100
C------------------------------------------------------
C  VORBEREITUNG ZUM AUFRUF VON UP QUELLE
C
   50 NR=INAQ+(IV-IEZ2)-1
      CALL QUELLE
      GOTO 100
C------------------------------------------------------
C     NULLSETZEN DER STATISTIKFELDER
   60 CALL NULL
      GOTO 100
C------------------------------------------------------
C     VORBEREITUNG ZUM AUFRUF VON UP REPOR
70    CALL REPOR
      GOTO 100
C------------------------------------------------------
C     VORBEREITEN ZUM AUFRUF DES STOERGENERATORS
80    NR=IV-IEZ5+1
      CALL STOER(IV)
C------------------------------------------------------
      GOTO 100
      END
```

<u>Anhang A4:</u> Unterprogramm "Ereignissteuerung"

```
      SUBROUTINE KETNEU
CI------------------------------------------------------------------I
CI       FUNKTION:SETZEN DER VORGAENGER- UND NACHFOLGERBEZIEHUNGEN   I
CI              AN STEUERPUNKTEN ENTSPRECHEND DEN INTERNEN           I
CI              ANFORDERUNGEN VON SIMULAP                            I
CI------------------------------------------------------------------I
      COMMON/A3/IANN(500),IANL(500,5),IANV(500),ISUM,I1FE
      COMMON/A13/IVERT(90,7),IZUFUE(90,7),IBUF
      COMMON/A14/IEZ1,IEZ2,IEZ3,IEZ4,IEZ5,INAVER,INAZUS,INAQ,INAS
C     ERMITTLUNG DER GROESSTEN SENKE NR
      IZ=INAS+IEZ4-IEZ3-1
C     ------------------------------------------------
C     NOTIEREN DER RICHTIGEN VERKETTUNGEN
      DO 1 I=1,IZ
      IF(IANN(I).LT.INAVER.OR.IANN(I).GE.INAZUS)GOTO 100
      IV=IANN(I)-INAVER+1
      IVERT(IV,1)=I
100   IF(IANV(I).LT.INAZUS)GOTO 1
      IV=IANV(I)-INAZUS+1
      IZUFUE(IV,1)=I
1     CONTINUE
C     ------------------------------------------------
C     KORRIGIEREN DER 'FALSCHEN' VERKETTUNGEN AN DEN STEUERPUNKTEN
      DO 2 I=1,IZ
      IF(IANN(I).LT.INAZUS)GOTO 200
      IV=IANN(I)-INAZUS+1
      IANN(I)=IZUFUE(IV,1)
200   IF(IANV(I).LT.INAVER.OR.IANV(I).GE.INAZUS)GOTO 2
      IV=IANV(I)-INAVER+1
      IANV(I)=IVERT(IV,1)
2     CONTINUE
      RETURN
      END
```

Anhang A5: Unterprogramm "Setzen der Vorgänger- und Nachfolger-
zeiger"

```
      SUBROUTINE KLNEU(NEIN,JBEZEI)
CI*********************************************************************I
CI PROGRAMMFUNKTION: NIMMT JBEZEI IN BESTEHENDE                       I
CI                   K,L-VERKETTUNG VON NEIN AUF                      I
CI BEDEUTUNG DER UEBERGEBENEN VARIABLEN:                             I
CI  NEIN   = NEU ZU ORDNENDE ANLAGE                                  I
CI  JBEZEI = ZEILENNR DER BEWEGTEN EINHEIT(BE) IN JBE                I
CI*********************************************************************I
      COMMON/A2/L(400),K(400)
      COMMON/A3/IANN(500),IANL(500,5),IANV(500),ISUM(500),I1FE
      COMMON/A4/LKA,NR
      COMMON/A12/JBE(500,8)
      COMMON/A14/IEZ1,IEZ2,IEZ3,IEZ4,IEZ5,INAVER,INAZUS,INAQ,INAS
C     --------------------------------------------------------
C     FALLS JBEZEI NICHT AM ENDE DER KETTE (HINTER L)
C     EINZUORDNEN IST GOTO1
      IZL=L(NEIN)
      IF(JBE(IZL,3).GT.JBE(JBEZEI,3))GOTO1
C     ----------------------------------------
      L(NEIN)=JBEZEI
      JBE(IZL,5)=JBEZEI
      RETURN
C     ----------------------------------------
  1   CONTINUE
      IV=K(NEIN)
C     FALLS JBEZEI = NEUER ANFANG DER KETTE (=K) GOTO2
      IF(JBE(IV,3).GT.JBE(JBEZEI,3))GOTO2
C     ----------------------------------------
 11   IN=JBE(IV,5)
C     FALLS ZEITLICHES EINORDKRITERIUM ERREICHT GOTO3
      IF(JBE(IN,3).GE.JBE(JBEZEI,3))GOTO3
C     ----------------------------------------
      IV=IN
      GOTO11
C     ----------------------------------------
  3   CONTINUE
      JBE(IV,5)=JBEZEI
      JBE(JBEZEI,5)=IN
      RETURN
C     ----------------------------------------
  2   CONTINUE
      JBE(JBEZEI,5)=IV
      K(NEIN)=JBEZEI
      JPARA=JBE(JBEZEI,3)
      JNA=IANN(NEIN)
      IF(JNA.GE.INAVER)GO TO 21
C     ----------------------------------------
C     EINORDNEN EINES NACHFOLGENDEN EREIGNISSES
      CALL EINORD(-JPARA,JNA)
      RETURN
 21   CALL EINORD(JPARA,NEIN)
      RETURN
      END
```

<u>Anhang A6</u>: Unterprogramm "Setzen der BE-Verkettungszeiger"

```fortran
      SUBROUTINE QUELLE
CI******************************************************************I
CI PROGRAMMFUNKTION: EINSCHLEUSEN DER BEWEGLICHEN EINHEITEN(BE)     I
CI                   INS MODELL                                     I
CI******************************************************************I
      COMMON/A1/N,LSZ,I1ST,IEL(215,3),JXX,JXX2
      COMMON/A2/L(400),K(400)
      COMMON/A3/IANN(500),IANL(500,5),IANV(500),ISUM(500),I1FE
      COMMON/A4/LKA,NR
      COMMON/A12/JBE(500,8)
      COMMON/A14/IEZ1,IEZ2,IEZ3,IEZ4,IEZ5,INAVER,INAZUS,INAQ,INAS
      COMMON/A21/ISTA(30)
C     ------------------------------------------
C     FALLS MAXIMALE BE-ANZAHL ERZEUGT > RETURN
      IF(ISUM(NR).EQ.IANL(NR,5))RETURN
C     ------------------------------------------
C     ERMITTLUNG DES QUELLE-NACHFOLGERS
      JNN=IANN(NR)
      IF(JNN.GE.INAVER)CALL VERTEI(JNN)
      IF(JNN.EQ.0)RETURN
      IF(IANL(JNN,2).EQ.IANL(JNN,3))GOTO 15
C
C     BERECHNEN UND EINTRAGEN BE-ATTRIBUTE-------------
      CALL TYP(JTYP)
      LKA=LKA+1
      J=I1FE
      I1FE=JBE(I1FE,2)
      JBE(J,1)=LSZ
      JBE(J,2)=LKA
      JBE(J,4)=JTYP
C     ------------------------------------------------
C     DURCHFUEHREN DER UMLAGERUNG
      ISUM(NR)=ISUM(NR)+1
      CALL PLUS(JNN,J)
      IF(ISTA(6).NE.' ')CALL DRUCK(4,NR,J,JNN)
C     ------------------------------------------------
C     QUELLE ZUM NAECHSTEN AUFRUF EINORDNEN
      JZEIT=IANL(NR,4)
      IF(JZEIT.LT.0)CALL STOCH(-JZEIT,JZEIT)
      JJ1=LSZ+JZEIT
      CALL EINORD(-JJ1,NR)
      RETURN
C     ------------------------------------------------
   15 CALL BLOCK(JNN,NR)
      RETURN
      END
```

<u>Anhang A7:</u> Unterprogramm "Generieren einer Beweglichen Einheit"

```
      SUBROUTINE SENKE
CI****************************************************************I
CI PROGRAMMFUNKTION: AUSSCHLEUSEN DER BEWEGLICHEN EINHEITEN(BE)   I
CI                                              AUS DEM MODELL    I
CI****************************************************************I
      COMMON/A1/N,LSZ,I1ST,IEL(215,3),JXX,JXX2
      COMMON/A2/L(400),K(400)
      COMMON/A3/IANN(500),IANL(500,5),IANV(500),ISUM(500),I1FE
      COMMON/A4/LKA,NR
      COMMON/A6/IBLOCK(400,4)
      COMMON/A7/JIK(6)
      COMMON/A12/JBE(500,8)
      COMMON/A14/IEZ1,IEZ2,IEZ3,IEZ4,IEZ5,INAVER,INAZUS,INAQ,INAS
      COMMON/A21/ISTA(30)
C     ----------------------------------------------------------
C     BESTIMMUNG DES SENKE VORGAENGERS
      JH=IANV(NR)
      IF(JH.GE.INAZUS)CALL ZUSFUE(JH)
C     ----------------------------------------------------------
C     BE-ABZUG AUS VORGAENGER
      CALL MINUS(JH,JH1)
C     ----------------------------------------------------------
C     FUEHREN DER DURCHLAUFZEITENSTATISTIK
      CALL DLZSTA(JH1)
C     ----------------------------------------------------------
C     AUSDRUCK ABLAUFTRACE
      IF(ISTA(6).EQ.'J'.OR.ISTA(6).EQ.'1')CALL DRUCK(11,JH1,0,0)
      IF(ISTA(6).EQ.'2')CALL DRUCK(11,JH1,0,0)
C     ----------------------------------------------------------
C     FREIGEBEN DES JBE FELDES
      JBE(JH1,1)=0
      JBE(JH1,2)=I1FE
      DO200 I=3,8
      JBE(JH1,I)=0
  200 CONTINUE
C     ----------------------------------------------------------
      I1FE=JH1
      ISUM(NR)=ISUM(NR)+1
C     ----------------------------------------------------------
C     EINTRAGEN DES NAECHST FRUEHESTEN EREIGNISSES DER SENKE
C     (TAKTZEITRESTRIKTION)
      IANL(NR,2)=LSZ+IANL(NR,4)
C     ----------------------------------------------------------
C     UEBERPRUEFUNG OB SENKE NEU IN DIE EREIGNISLISTE
C     EINGEORDNET WERDEN MUSS
      JH=IANV(NR)
      IF(JH.GE.INAZUS)CALL ZUSFUE(JH)
      IF(JH.EQ.0)RETURN
      IF(IANL(JH,2).EQ.0)RETURN
      CALL ORDEIN(JH,NR)
      RETURN
      END
```

Anhang A8: Unterprogramm "Ausschleusen einer Beweglichen
Einheit"

```
      SUBROUTINE STOER
CCCCCCCCCCCCCCCCCCCCCCCCCCCCCCCCCCCCCCCCCCCCCCCCCCCCCCCCCCCCC
C PROGRAMMFUNKTION: ERZEUGEN STOERANFANG U. STOERENDE        C
C 1. STOERADRESSE IM EREIGNISFELD = IEZ5; UND ZWAR DER       C
C STOERGENERATOR AUS DER 1. STOERDATENZEILE                  C
CCCCCCCCCCCCCCCCCCCCCCCCCCCCCCCCCCCCCCCCCCCCCCCCCCCCCCCCCCCCC
      COMMON/A1/N,LSZ
      COMMON/A2/L(400),K(400)
      COMMON/A3/IANN(500),IANL(500,6),IANV(500),ISUM(500),I1FE
      COMMON/A4/LKA,NR
      COMMON/A6/IBLOCK(400,3)
      COMMON/A12/JBE(500,8)
      COMMON/A14/IEZ1,IEZ2,IEZ3,IEZ4,IEZ5,INAVER,INAZUS,INAQ,INAS
      COMMON/A16/ISTOER(30,8),IST
      COMMON/A21/ISTA(30)
C     -------------------------------------------------------
C     NR HIER ZEILENNR. VON ISTOER
      IANF=ISTOER(NR,2)
      IEND=ISTOER(NR,3)
      IF(IEND.EQ.0)IEND=IANF
      IF(IANL(IANF,6).EQ.0)THEN
C     -------------------------------------------------------
C        STOERBEGINN
         IF(ISTA(6).EQ.'J')WRITE(2,55)LSZ,IANF,IEND,ISTOER(NR,6)
55       FORMAT(' LSZ:',I5,' ANLAGEN ',I3,' BIS ',I3,
     *   'GESTOERT; DAUER:',I5)
         DO 10 IAN = IANF,IEND
         IANL(IAN,6)=ISTOER(NR,6)+LSZ
C        ERHOEHEN DER BE AUSTRITTSTERMINE UM STOERZEIT
         IZ=K(IAN)
         IF(IZ.EQ.0)GOTO 10
11       JBE(IZ,3)=JBE(IZ,3) + ISTOER(NR,6)
         IZ=JBE(IZ,5)
         IF(IZ.NE.0)GOTO 11
10       CONTINUE
C        -------------------------------------------------------
C        EINORDNEN DES NAECHSTEN STOEREREIGNISSES
         CALL EINORD(LSZ+ISTOER(NR,6),NR+IEZ5-1)
         ISTOER(NR,7)=ISTOER(NR,7)+ISTOER(NR,6)
         ISTOER(NR,1)=ISTOER(NR,1)+1
      ELSE
C     STOERENDE -----------------------------------------------
         IF(ISTA(6).EQ.'J')WRITE(2,58)LSZ,IANF,IEND
58       FORMAT(' LSZ:',I6,' STOER-ENDE BEI ANLAGEN ',I3,' BIS ',I3)
         DO 20 IAN = IANF,IEND
            IANL(IAN,6)=0
            IF(IAN.GE.INAQ)GOTO 20
            IF(IBLOCK(IAN,1).NE.0)CALL ENTBLO(IAN)
            IF(L(IAN).EQ.0)GOTO 20
            JNN=IANN(IAN)
            IF(IAN.NE.IANV(JNN))CALL ORDEIN(IAN,JNN)
20       CONTINUE
C        EINORDNE DES NAECHSTEN STOEREREIGNISSE
         IF(ISTOER(NR,1).NE.ISTOER(NR,4))
     *      CALL EINORD(LSZ+ISTOER(NR,5),NR+IEZ5-1)
      END IF
      RETURN
      END
```

Anhang A9: Unterprogramm "Störgenerator"

IPA Forschung und Praxis

Schriftenreihe aus dem Institut für Produktionstechnik und Automatisierung, Stuttgart

Herausgeber: Prof. Dr.-Ing. H. J. Warnecke

Stufenweise Ableitung eines praktischen Planungssystems für den Entwicklungsbereich
Von R. Hichert. ISBN 3-7830-0149-8.
1978, 151 Seiten, kartoniert.   52,— DM

Produktionsplanung mit Auftragsfamilien
Von U. W. Geitner. ISBN 3-7830-0161.7.
1979, 110 Seiten, kartoniert.   45,— DM

Thermisch-chemisches Entgraten
Von T. Wagner. ISBN 3-7830-0164-1.
1979, 111 Seiten, kartoniert.   45,— DM

Untersuchung der Materialflußkosten bei ausgewählten Systemen der Zentralen Arbeitsverteilung
Von R. Wenzel. ISBN 3-7830-0162-5.
1979, 168 Seiten, kartoniert.   86,— DM

Anpassung und Einführung eines Planungssystems für die Ablaufplanung im Konstruktionsbereich
Von W. Dangelmaier. ISBN 3-7830-0163-3.
1979, 168 Seiten, kartoniert.   80,— DM

Längenmessungen an bewegten Teilen mit berührungslos wirkenden Aufnehmern
Von H. Lang. ISBN 3-7830-0157-9.
1979, 89 Seiten, kartoniert.   42,— DM

Untersuchung multistabiler Strömungselemente und ihr Einsatz in sequentiellen Steuerungen
Von A. Ernst. ISBN 3-7830-0157-9.
1979, 122 Seiten, kartoniert.   48,— DM

Taktile Sensoren für programmierbare Handhabungsgeräte
Von M. Schweizer. ISBN 3-7830-0158-7.
1979, 91 Seiten, kartoniert.   42,— DM

Die rechnerunterstützte Prüfplanung
Von P. Blasing. ISBN 3-7830-0152-8.
1979, 100 Seiten, kartoniert.   44,— DM

Verfahren zur Fabrikplanung im Mensch-Rechner-Dialog am Bildschirm
Von W. Ernst. ISBN 3-7830-0156-0.
1979, 218 Seiten, kartoniert.   72,— DM

Rechnerunterstütztes Verfahren zur Leistungsabstimmung von Mehrmodell-Montagesystemen
Von M. Gorke. ISBN 3-7830-0155-2.
1979, 139 Seiten, kartoniert.   50,— DM

Standortbezogene Betriebsmittel
Von G. Pflieger. ISBN 3-7830-0167-6.
1979, 127 Seiten, kartoniert.   52,— DM

Die betriebswirtschaftliche Beurteilung neuer Arbeitsformen
Von B.-H. Zippe. ISBN 3-7830-0168-4.
1979, 350 Seiten, kartoniert.   98,— DM

Untersuchung des Arbeitsverhaltens programmierbarer Handhabungsgeräte
Von B. Brodbeck. ISBN 3-7830-0169-2.
1979, 117 Seiten, kartoniert.   48,— DM

Untersuchung eines kohärent-optischen Verfahrens zur Rauheitsmessung
Von N. Rau. ISBN 3-7830-0174-9.
1979, 117 Seiten, kartoniert.   48,— DM

Entwicklung einer programmierbaren, pneumatischen Steuerung
Von D. Klemenz. ISBN 3-7830-0171-4.
1979, 93 Seiten, kartoniert.   42,— DM

Diese Berichte sind zu beziehen durch den Krausskopf-Verlag, Lessingstraße 12, 6500 Mainz

IPA Forschung und Praxis

Berichte aus dem Fraunhofer-Institut für Produktionstechnik und Automatisierung, Stuttgart, und dem Institut für Industrielle Fertigung und Fabrikbetrieb der Universität Stuttgart

Herausgeber: Prof. Dr.-Ing. H. J. Warnecke

IPA Forschung und Praxis

Berichte aus dem Fraunhofer-Institut für Produktionstechnik und Automatisierung, Stuttgart, und dem Institut für Industrielle Fertigung und Fabrikbetrieb der Universität Stuttgart

Herausgeber: Prof. Dr.-Ing. H. J. Warnecke

Die Berichte 38 und folgende sind zu beziehen durch den Springer-Verlag, Berlin Heidelberg New York Tokyo